普通高等教育新工科智能制造工程系列教材

智能制造基础项目教程

主编　李　晶　徐学武
参编　杨立娟　王海涛　孙挪刚　姜歌东
　　　陶　岳　张　琛　门　静

机 械 工 业 出 版 社

本书是面向高等工科院校本科生的智能制造课程基础教材，以项目为驱动，分为基础项目和综合创新项目两部分。基础项目部分包括八个项目。综合创新项目部分包括三个项目，是基础项目的提高与补充，需要的课时较多，供学有余力及对智能制造技术有浓厚兴趣的学生选学。综合创新项目提供给学生必需的知识扩充及各项目目前已有的基础，启发学生在此基础上提高改进项目或凝练成新的课题。每个项目中都包括项目目标、项目原理、项目作业等内容。

本书可作为四年制智能制造工程、机械工程及自动化、车辆工程和机器人工程专业本科生，智能制造相关方向研究生的教材。本书可供相关专业教师和研究生参考，也可作为智能制造相关人员的自修教材。

图书在版编目（CIP）数据

智能制造基础项目教程/李晶，徐学武主编．—北京：机械工业出版社，2021.7

普通高等教育新工科智能制造工程系列教材

ISBN 978-7-111-68311-7

Ⅰ.①智… Ⅱ.①李… ②徐… Ⅲ.①智能制造系统-高等学校-教材 Ⅳ.①TH166

中国版本图书馆 CIP 数据核字（2021）第 094571 号

机械工业出版社（北京市百万庄大街 22 号 邮政编码 100037）
策划编辑：余 皞 责任编辑：余 皞
责任校对：张晓蓉 封面设计：张 静
责任印制：单爱军
北京虎彩文化传播有限公司印刷
2021 年 8 月第 1 版第 1 次印刷
184mm×260mm · 10.5 印张 · 259 千字
标准书号：ISBN 978-7-111-68311-7
定价：35.80 元

电话服务	网络服务
客服电话：010-88361066	机 工 官 网：www.cmpbook.com
010-88379833	机 工 官 博：weibo.com/cmp1952
010-68326294	金 书 网：www.golden-book.com
封底无防伪标均为盗版	机工教育服务网：www.cmpedu.com

前 言

FOREWORD

装备的智能化升级、智能工厂的兴起成为制造业升级的重要趋势。智能制造是新一代信息通信技术与先进制造技术的深度融合，要逐步实现关键工序智能化和关键岗位机器人替代。在这一背景下，急需出版一批有关智能制造方面的教材，以完成智能制造技术相关知识的普及。数控技术集机械制造、自动化控制、微电子、信息处理等技术于一体。面向智能制造的数控技术已趋向于智能化、网络化发展，是完成智能制造工程的重要保障。

本书为西安交通大学本科“十三五”规划教材。本书突出新版教学计划“重基础、宽门类、强实践”的要求，使学生掌握基于智能制造的基础理论，同时能够融通高端装备制造领域的知识体系，解决复杂工程问题，成为满足先进制造业发展需求、具有创新能力和跨界整合能力的工程技术人才。

结合编者在数控加工、工业机器人、智能产线方面的多年教学经验，本书以智能制造技术应用为主要内容，包含智能产线构建分析与操作、智能产线设计与优化、工业机器人操作与编程、微型涡喷发动机叶轮零件五轴加工、数控机床数据采集与优化等项目。本书基本涵盖了智能制造的主要项目作业内容，并在内容和体系上都做出了一定的创新，能够为智能制造工程专业相关课程的教学提供项目作业及项目指导。

为便于项目安排及编写，本书分为基础项目及综合创新项目两部分。基础项目的内容注重于对智能制造基本理论的理解与应用，综合创新项目的内容则重在扩展学生智能制造实践的空间，以支撑课程的综合实验、课程设计及 CDIO 项目等实践环节。

本书由多位教师及实验技术人员参与编写。项目一、二、六、七由徐学武、张琛编写，项目三由李晶编写，项目四由孙挪刚编写，项目五由姜歌东、陶岳编写，项目八由王海涛编写，项目九、十由李晶编写，项目十一由杨立娟编写，门静参与了部分项目及部分图表编写工作。本书由李晶、徐学武任主编。

由于编者水平所限，书中的错漏之处恳请读者批评指正。

编　者

目 录

绪 论

智能制造导论

一、智能制造概念的产生、兴起和发展

制造业是国民经济的物质基础和产业主体，是经济高速增长的引擎和国家安全的重要保证，也是国民经济和综合国力的重要体现。尤其对世界上人口最多的中国而言，吸纳劳动力最多的制造业是我国的立国之本、兴国之器、强国之基。改革开放40多年来所取得的辉煌成绩充分体现了制造业对我国的国民经济、社会进步以及人民富裕起到的关键作用。

客户需求的变化、全球市场竞争和社会可持续发展的需求使得制造环境发生了根本性转变。如图0-1所示，制造系统的追求目标从20世纪60年代的大规模生产、70年代的低成本制造、80年代的产品质量、90年代的市场响应速度，到21世纪初的知识和服务，再到如今因德国“工业4.0”而兴起的泛在感知和深入智能化。信息技术、网络技术、管理技术和其他相关技术的发展有力地推动了制造系统追求目标的实现，生产过程也从手工化、机械化和刚性化逐步过渡到柔性化、服务化和智能化。制造业已从传统的劳动和装备密集型逐渐向信息、知识和服务密集型转变，新的工业革命即将到来（图0-2）。

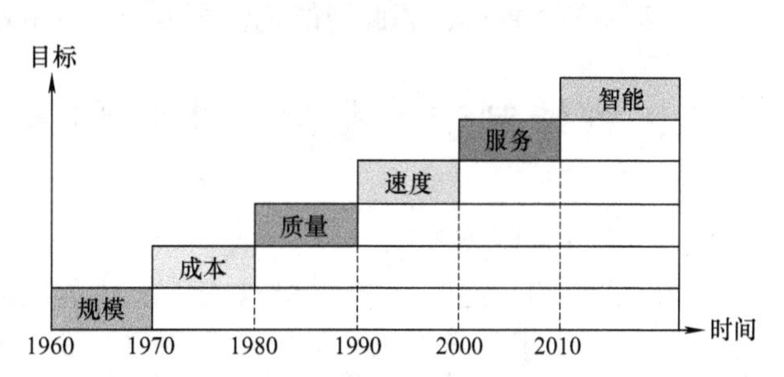

图0-1　不同阶段制造系统的追求目标

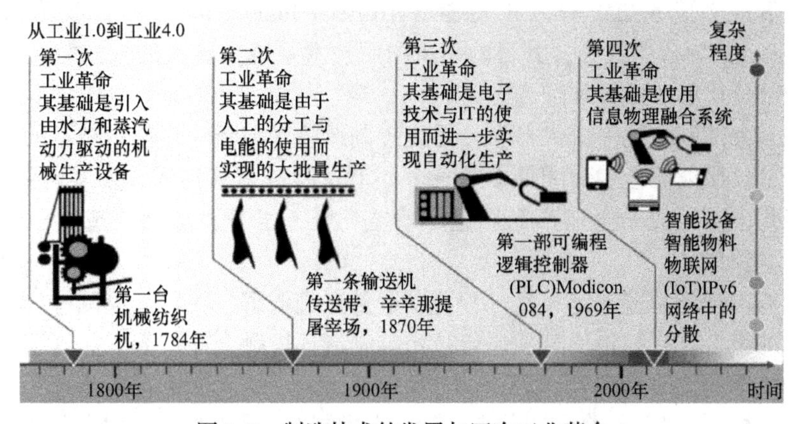

图0-2　制造技术的发展与四次工业革命

目前，全球制造业孕育着制造技术体系、制造模式、产业形态和价值链的巨大变革，延续性特别是颠覆性技术的创新层出不穷。云计算、大数据、物联网和移动互联等新一代信息技术开始大爆发，从而开启了全新的智慧时代；机器人、数字化制造和3D打印等技术的重大突破正在重构制造业技术体系。云制造、网络众包、异地协同设计、大规模个性化定制、精准供应链和电子商务等网络协同制造模式正在重塑产业价值链体系。随着制造业的飞速发展，机械产品的市场竞争越来越剧烈，这也给制造商提出了越来越高的要求，制造的国际分工也发生了深刻的变化。

当前，信息技术、新能源、新材料和生物技术等重要领域和前沿方向的革命性突破和交叉融合，正在引发新一轮产业变革。英国学者保罗·麦基里在报告《制造业和创新：第三次工业革命》中指出，新一轮工业革命的核心是以机器人、3D打印机和新材料等为代表的智能制造业。这一轮产业变革的本质可概括为“一主多翼”：“一主”就是信息技术和生产服务领域的深度融合，出现数字化、网络化和智能化生产；“多翼”是指包括新能源、生物技术以及新材料等新的发展领域。产业变革在当前及今后一段时间内最重要的表现形式还是“一主”，“多翼”的主要影响则在其后。因此，计算机及其衍生的信息通信和智能技术的革命是新一轮工业革命的标志或原因。装备制造业、研发部门及其生产性服务业作为新一轮工业革命主导产业，凸显了制造业“智能化”革命的重要性，这些部门的核心工作就是使整个国民经济系统智能化，因此智能化将成为新一轮工业革命的本质内容之一。

二、智能制造的概念、内涵和特征及特点

1. 智能制造的概念

智能制造的概念起源于20世纪80年代，智能制造是伴随信息技术的不断普及而逐步发展起来的。1988年，美国纽约大学的怀特（P. K. Wright）教授和卡内基梅隆大学的布恩（D. A. Bourne）教授出版了《智能制造》一书，首次提出了智能制造的概念，并指出智能制造的目的是通过集成知识工程、制造软件系统、机器人视觉和机器控制对制造技工的技能和专家知识进行建模，以使智能机器人在没有人工干预的情况下进行小批量生产。

日本在1989年提出一种人与计算机相结合的“智能制造系统”（Intelligent Manufacturing System，IMS），并且于1994年启动了IMS国际合作研究项目，率先拉开了智能制造的序幕。

早期的“智能制造系统”将人工智能（Artificial Intelligence，AI）视为核心技术，以“智能体”（Agent）为智能载体，其目的是试图用技术系统突破人的自然智力的局限，达到对人脑智力的部分代替、延伸和加强。

广义而论，智能制造是一个大概念，是先进制造技术与新一代信息技术的深度融合，贯穿于产品、制造、服务等全生命周期中的各个环节及制造系统集成，以实现制造业数字化、网络化、智能化，不断提升企业产品质量、效益、服务水平，推动制造业创新、绿色、协调、开放、共享发展。

美国能源部对智能制造的定义是：智能制造是先进传感、仪器、监测、控制和过程优化的技术和实际的组合，它们将信息和通信技术与制造环境融合在一起，实现工厂和企业中能量、生产率和成本的实时管理。

当今，智能制造一般指综合集成信息技术、先进制造技术和智能自动化技术，在制造企业

的各个环节（如经营决策、采购、产品设计、生产计划、制造、装配、质量保证、市场销售和售后服务等）融合应用，实现企业研发、制造、服务和管理全过程的精确感知、自动控制、自主分析和综合决策，形成了一种具有高度感知化、物联化和智能化特征的新型制造模式。

2. 智能制造的内涵和特征

智能制造（Intelligent Manufacturing，IM）是以新一代信息技术为基础，配合新能源、新材料和新工艺，贯穿设计、生产、管理和服务等制造活动的各个环节，具有信息深度自感知、智慧优化自决策、精准控制自执行等功能的先进制造过程、系统与模式的总称。智能制造技术是制造技术与数字技术、智能技术及新一代信息技术的融合，是面向产品全生命周期的具有信息感知、优化决策、执行控制功能的制造系统，旨在高效、优质、柔性、清洁、安全、敏捷地制造产品和服务用户。虚拟网络和实体生产的相互渗透是智能制造的本质：一方面，信息网络将彻底改变制造业的生产组织方式，大大提高制造效率；另一方面，生产制造将作为互联网的延伸和重要结点，扩大网络经济的范围和效应。以网络互连为支撑，以智能工厂为载体，构成了制造业的最新形态，即智能制造。这种模式可以有效缩短产品研制周期、降低运营成本、提高生产效率、提升产品质量并降低资源能源消耗。从软硬结合的角度看，智能制造即是一个“虚拟网络 + 实体物理”的制造系统。

智能制造是未来制造业产业革命的核心，是制造业由数字化制造向智能化制造转变的方向，是人类专家和智能化机器共同组成的人机一体化的智能系统，其特征是将智能活动融合到生产制造全过程，通过人与机器协同工作，逐渐增大、拓展并部分替代人类在制造过程中的脑力劳动，智能制造已由最初的制造自动化扩展到生产的柔性化、智能化和高度集成化。智能制造不仅采用了新型制造技术和设备，而且将由新一代信息技术构成的物联网和服务互联网贯穿于整个生产过程，在制造业领域构建的信息物理系统，将彻底改变传统制造业的生产组织方式，它不是简单地用信息技术改造传统产业，而是信息技术与制造业融合发展和集成创新的新型业态。智能制造要求实现设备之间、人与设备之间、企业之间、企业与客户之间的无缝网络连接，实时动态调整，进行资源的智能优化配置。它以智能技术和系统为支撑点，以智能工厂为载体，以智能产品和服务为落脚点，实现大幅度提高生产效率和生产能力。

智能制造包括智能制造技术与智能制造系统两大关键组成要素和智能设计、智能生产、智能产品、智能管理与服务四大环节。其中智能制造技术是指在制造业的各个流程环节，实现了大数据、人工智能、3D 打印、物联网及仿真等新型技术与制造技术的深度融合。它具有学习、组织和自我思考等功能，能够对生产过程中产生的问题进行自我分析、自我推理和自我处理，同时可以对智能化制造运行中产生的信息进行存储，对自身知识库不断积累、完善、共享和发展。智能制造系统就是要通过集成知识工程、智能软件系统、机器人技术和智能控制等来对制造技术与专家知识进行模拟，最终实现物理世界和虚拟世界的衔接与融合，使得智能机器在没有人干预的情况下进行生产。智能制造系统相较于传统系统拥有更具智能化的自治能力、容错功能、感知能力、系统集成能力。

3. 智能制造的特点

1）生产过程高度智能。智能制造在生产过程中能够自我感知周围环境，实时采集、监控生产信息。智能制造系统中的各个组成部分能够依据具体的工作需要，自我组成一种超柔性的最优结构并以最优的方式进行自组织，以最初具有的专家知识为基础，在实践中不断完善知识库，遇到系统故障时，系统具有自我诊断及修改完善能力。智能制造能够对库存水平、需求变化和运行状态进行反应，实现生产的智能分析、推理和决策。

2）资源的智能优化配置。信息网络具有开放性和信息共享性，由信息技术与制造技术融合产生的智能化、网络化的生产制造可跨地区、跨地域进行资源配置，突破了原有的本地化生产边界。制造业产业链上的研发企业、制造企业和物流企业可以通过网络衔接实现信息共享，并能在全球范围内进行动态的资源整合，生产原料和部件可随时随地送往需要的地方。

3）产品高度智能化、个性化。智能制造产品通过内置传感器、控制器和存储器等技术具有自我监测、记录、反馈和远程控制功能。智能制造产品在运行中能够对自身状态和外部环境进行自我监测，并对产生的数据进行记录，对运行期间产生的问题自动向用户反馈，使用户可以对产品的全生命周期进行控制管理。产品智能设计系统通过采集消费者的需求进行设计，使用户在线参与生产制造全过程成为现实，极大地满足了消费者的个性化需求。制造生产从先生产后销售转变为先定制后销售，避免了产能过剩。

三、智能制造技术体系

1. 智能制造体系

智能制造作为一种全新的制造模式，核心在于实现机器智能和人类智能的协同以及生产过程中自感知、自适应、自诊断、自决策和自修复等功能。从结构方面，智能工厂内部灵活可重组的网路制造系统的纵向集成，将不同层面的自动化设备与 IT 系统集成在一起。

参考德国“工业 4.0”的思路，智能制造体系主要有三个特征：一是通过价值链及网络实现企业之间的横向集成；二是贯穿整个价值链端到端工程的数字化集成；三是企业内部灵活可重构的网络化制造体系的纵向集成。该体系的核心是实现资源、信息、物体和人之间的互联，产品要与机器互联，机器与机器之间、机器与人之间、机器与产品之间互联，依托传感器和互联网技术实现互联互通。智能制造的核心是智能工厂建设，实现单机智能设备互联，不同设备的单机和设备互联形成生产线，不同的智能生产线组合成智能车间，不同的智能车间组成智能工厂，不同地域、行业和企业的智能工厂的互联形成一个制造能力无所不在的智能制造系统，这个制造系统是广泛的系统，是智能设备、智能生产线、智能车间以及智能工厂自由的动态的组合，能满足变化的制造需求。

从系统层级方面，完整的智能制造系统主要包括五个层级，包括协同层级、企业层级、车间层级、控制层级和设备层级，如图 0-3 所示。在系统实施过程中，目前大部分工厂主要解决的是产品、工艺、管理的信息化问题，但很少触及制造现场的数字化、智能化，特别是生产现场设备及检测装置等硬件的数字化交互和数据共享。智能制造可以从五个方面认识和理解，即产品的智能化、装备的智能化、生产的智能化、管理的智能化和服务的智能化，要求装备和产品之间，装备和人之间，以及企业、产品、用户之间全流程、全方位、实时的互联互通，从而实现数据信息的实时识别、及时处理和准确交换的功能。其中实现设备、产品和人相互间的互联互通是智能工厂的主要功能，智能设备和产品的互联互通、生产全过程的数据采集与处理、监控数据利用、信息分析系统建设等都将是智能工厂建设的重要基础，智能仪器及新的智能检测技术主要集中在产品的智能化、装备的智能化、生产的智能化等方面，处在智能工厂的设备层级、控制层级和车间层级。

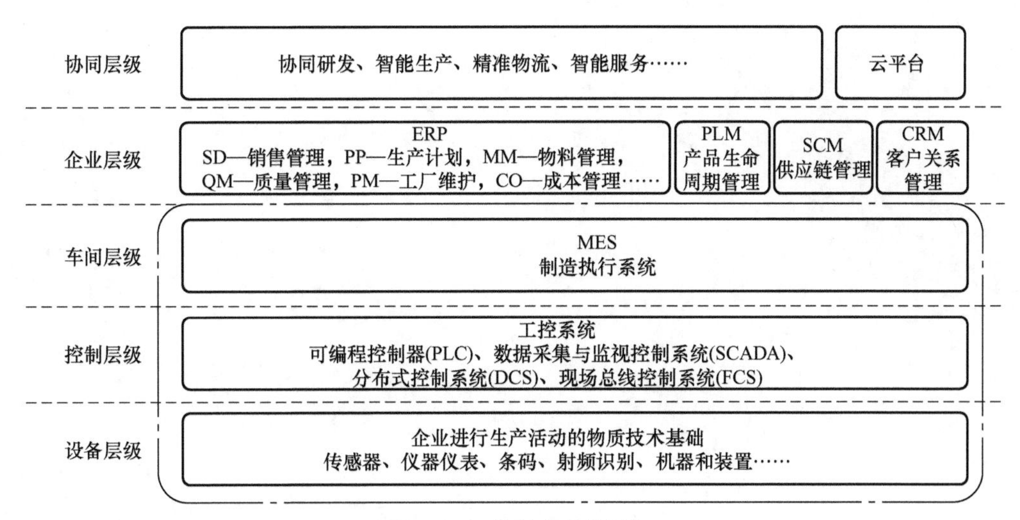

图 0-3　智能制造系统层级

在智能制造系统中，其控制层级与设备层级涉及大量测量仪器、数据采集等方面的需求，尤其是在进行车间内状态感知、智能决策的过程中，更需要实时、有效的检测设备作为辅助，所以智能检测技术是智能制造系统中不可缺少的关键技术，可以为上层的车间层级、企业层级与协同层级提供数据基础。

2. 智能制造技术涉及的主要技术

智能制造技术主要由通用技术、智能制造平台技术、泛在网络技术、产品生命周期智能制造技术及支撑技术组成。

（1）通用技术　通用技术主要包括智能制造体系结构技术、软件定义网络（SDN）系统体系结构技术、空地系统体系结构技术、智能制造服务业务模型的建模与仿真技术、系统开发与应用技术、智能制造安全技术、智能制造评价技术和智能制造标准化技术。

（2）智能制造平台技术　智能制造平台技术主要包括面向智能制造的大数据网络互联技术、智能资源/容量传感和物联网技术、智能资源/虚拟容量和服务技术、智能服务环境建设/管理/操作/评价技术、智能知识/模型/大数据管理、分析与挖掘技术、智能人机交互技术、群体智能设计技术、基于大数据和知识的智能设计技术、智能人机混合生产技术、虚拟现实结合智能实验技术、自主决策智能管理技术和在线远程支持服务的智能保障技术。

（3）泛在网络技术　泛在网络技术主要由集成融合网络技术和空间空地网络技术组成。

（4）产品生命周期智能制造技术　产品生命周期智能制造技术主要由智能云创新设计技术、智能云产品设计技术、智能云生产设备技术、智能云操作与管理技术、智能云仿真与实验技术和智能云服务保障技术组成。

（5）支撑技术　支撑技术主要包括 AI 2.0 技术、信息通信技术（如基于大数据的技术、云计算技术、建模与仿真技术）、新型制造技术（如 3D 打印技术、电化学机械等）和制造应用领域的专业技术（航空、航天、造船、汽车等行业的专业技术）。

本书将以项目驱动的方式，以智能制造技术应用为主要内容，通过智能产线构建分析与操作、智能产线设计与优化、工业机器人操作与编程、微型涡喷发动机叶轮零件五轴加工及数控机床数据采集与优化等项目，对智能制造的具体应用进行初步的介绍。

基础项目部分

典型数控机床的结构分析及操作

一、项目目标

1）掌握数控机床的特点与运用。
2）了解数控加工机床的组成与结构。
3）掌握数控加工的工作原理。
4）掌握数控机床一般的操作步骤。

二、项目原理

（一）数控机床及其组成

现代数控机床都是计算机数控（CNC）机床，主要由如下几部分组成：

1. CNC 装置

CNC 装置是 CNC 系统的核心，由中央处理器（CPU）、存储器、各 I/O 接口及外围逻辑电路等构成，如图 1-1 所示。

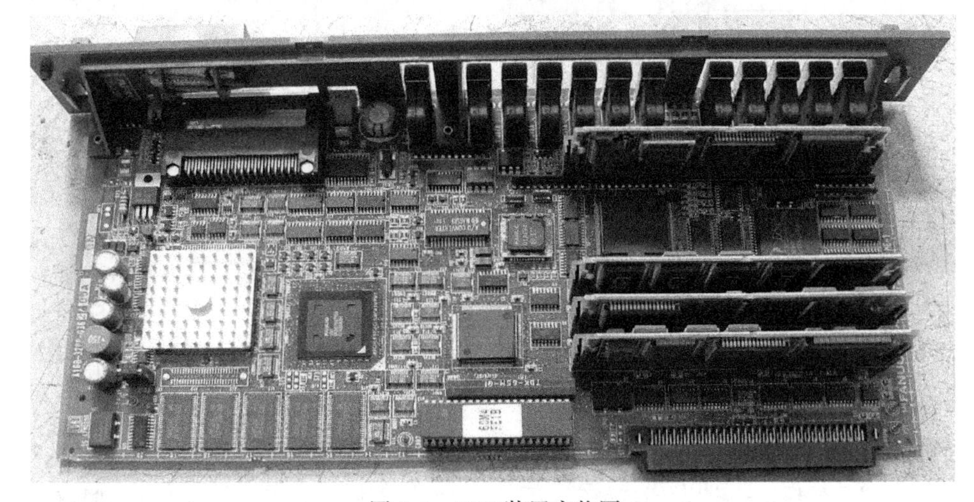

图 1-1　CNC 装置实物图

2. 数控面板

数控面板是数控系统的控制面板，主要由显示器和键盘组成。键盘也称 MDI（手动数据输入）面板，通过 MDI 面板和显示器下面的软键可以实现系统管理和对数控程序及有关数据的输入、编辑和修改。显示器及 MDI 面板如图 1-2 所示。

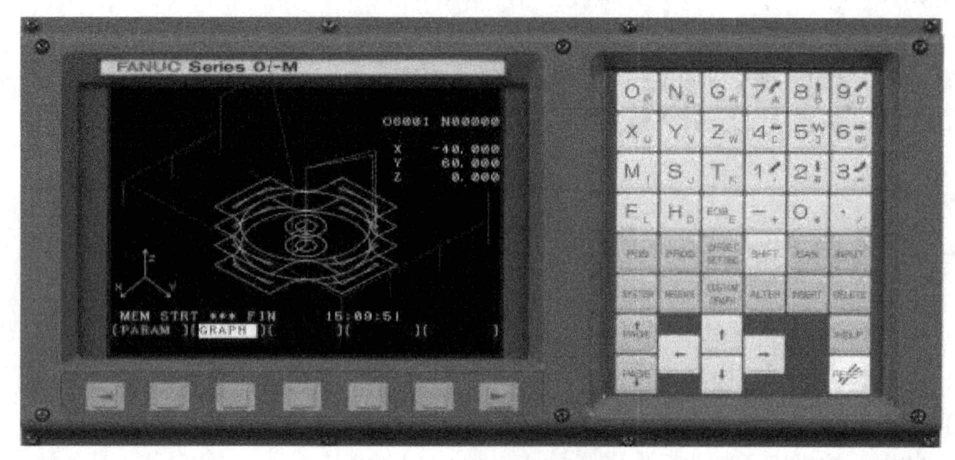

图 1-2 显示器及 MDI 面板

3. PLC 及 I/O 接口装置

PLC 是一种以微处理器为基础的通用型自动控制装置，用于完成数控机床的各种逻辑运算和顺序控制，例如：主轴的起停、刀具的更换、冷却液的开关等辅助动作。专用数控系统通常将 PLC 功能集成到 CNC 装置中，而通过接口模块和机床侧交换信号。图 1-3 所示为 FANUC 系统常用的几种 I/O 接口装置。

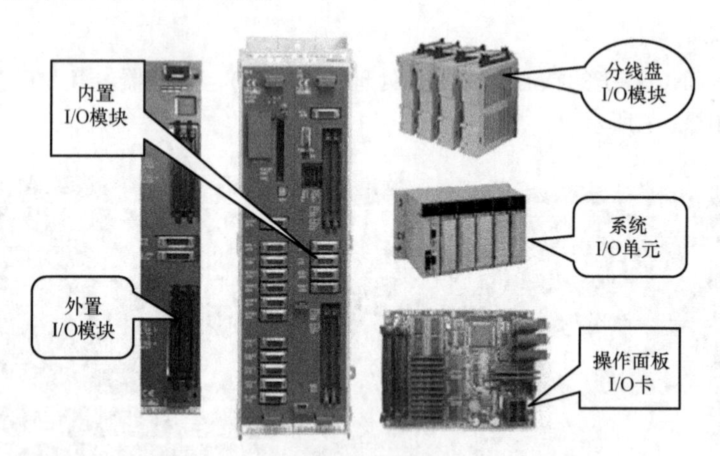

图 1-3 FANUC 系统常用的几种 I/O 接口装置

4. 机床操作面板

一般数控机床会布置一个机床操作面板，又称为机床控制面板，用于选择操作方式，并对机床进行一些必要的操作，还可以在自动运行方式下对机床的运行进行必要的干预。面板上布置有各种所需的按钮和开关。有些面板还包括电源控制、主轴及伺服使能控制，如图 1-4 所示。

图 1-4　机床操作面板

5. 伺服系统

伺服系统分为进给伺服系统和主轴伺服系统。进给伺服系统主要由进给伺服单元和伺服进给电动机组成，用于完成刀架和工作台的各项运动。主轴伺服系统用于数控机床的主轴驱动，一般有恒转矩调速和恒功率调速。为满足某些加工要求，还要求主轴和进给驱动能同步控制。FANUC 系统伺服单元如图 1-5 所示。

6. 机床本体

机床本体的设计与制造，首先应满足数控加工的需要，因此应具有刚度大、精度高、能适应自动运行等特点。现在的伺服电动机一般采用无级调速技术，机床进给运动和主传动的变速机构被大大简化甚至取消。为满足高精度的传动要求，机床进给系统广泛采用滚珠丝杠、滚动导轨等高精度传动件。为提高生产率并满足自动加工的要求，机床还配有自动刀架以及能自动更换工件的自动夹具等。机床本体如图 1-6 所示。

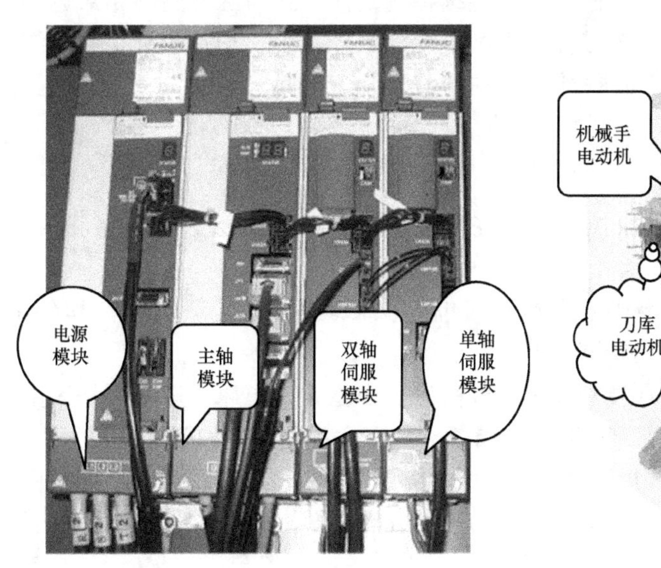

图 1-5　FANUC 系统伺服单元

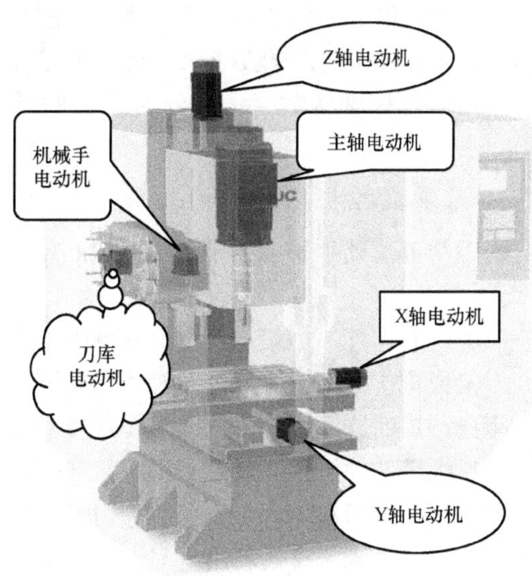

图 1-6　机床本体

（二）数控机床的分类及结构

1. 数控机床的分类

随着数控技术的不断发展，数控机床的类型越来越多，其加工用途、功能特点多种多样，据不完全统计，目前数控机床的品种已达上千种。按其实际使用情况主要有两种分类方法，按加工用途分类和按控制轨迹分类。

（1）按加工用途分类　根据加工用途，可以把数控机床分为切削、成型和特种加工三类。

1）切削类数控机床。包括数控车床、数控铣床、数控钻床、数控磨床以及加工中心等。

2）成型类数控机床。包括数控压力机、数控折弯机以及数控旋压机等。

3）特种加工类数控机床。包括数控激光加工机床、数控电火花线切割机床、数控电火花成形机床以及数控火焰切割机等。

（2）按控制轨迹分类　根据数控机床刀具与被加工工件之间的相对运动轨迹，可以把数控机床分为点控制、线控制和轮廓控制三类。

1）点控制类机床。主要有数控钻床、数控镗床、数控压力机等，其特点是移动定位时不加工，要求以最快速度从一点运动到另一点，进行准确快速定位，一般来说各坐标轴之间没有严格的相对运动要求。

2）线控制类机床。线控制类机床是在点控制类的基础上，对单个移动坐标轴进行运动速度控制，主要包括用于简单台阶形或矩形零件加工的数控车床、数控铣床和数控磨床等。

3）轮廓控制类机床。轮廓控制类数控机床也称为连续轨迹控制类数控机床，其特点是对两个或两个以上运动轴的位移和速度，同时进行连续控制，使刀具与工件间的相对运动，符合工件表面加工轮廓的要求。目前大多数金属切削机床的数控系统，均是轮廓控制系统。根据其控制坐标轴的数目，可分为二轴联动、二轴半联动、三轴联动、四轴联动或五轴联动。

2. 普通数控机床的结构

智能制造基础项目主要针对普通数控机床，在本项目中，主要介绍数控车床和数控铣床。

（1）数控车床　数控车床分为平床身和斜床身（包括平床身斜导轨），平床身一般使用四方刀架或排式刀架，斜床身一般使用转塔式刀架。

床身形式的选用主要由机床工作环境和加工范围决定。小型数控车床一般采用平床身，而加工过大零件的机床一般采用斜床身或平床身斜导轨。由于大中型机床的各部件很大，特别是刀塔大，采用斜导轨可以克服重力，增加机床在恶劣环境中的稳定性，提高机床精度；另外，斜床身机床能有效利用空间，大大减小机床的平面占地位置。因此斜床身机床优越于平床身机床，但由于其制造困难，价格相应也较高。

本项目中的 FTC-20 数控车床为斜床身，如图 1-7 所示。

（2）数控铣床　数控铣床根据床身结构通常分为立式和卧式两类，立式铣床可作钻床使用，又称钻铣床。卧式铣床可作镗床使用，故称镗铣床。图 1-8 所示为一数控万能工具铣床，既可作卧铣，也可作立铣。立式铣床适用范围较广，可使用立铣刀、机夹刀盘及钻头等。

图 1-7　FTC－20 数控车床

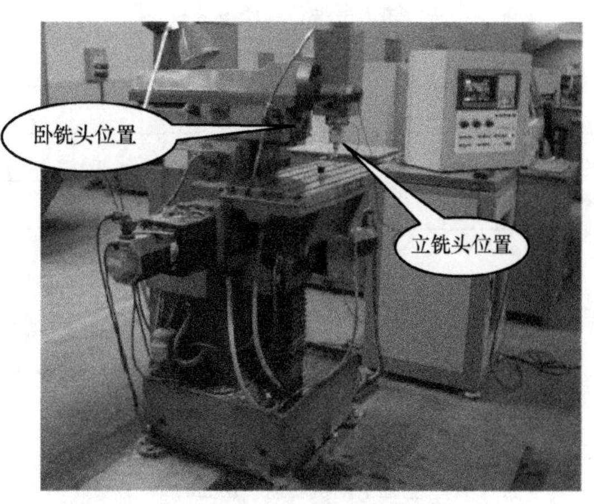

图 1-8　数控万能工具铣床

三、项目训练用数控机床及数控系统

（一）ZJK7532 数控钻铣床

ZJK7532 数控钻铣床是三轴联动的经济型机床，该机床既可实现钻削、铣削、镗孔和铰孔等加工，又可进行各种复杂曲面零件（如凸轮、样板、冲模和弧形槽等）的自动加工。由于机床具有较高的定位精度和重复定位精度，加工时不需要使用模具就能保证加工精度，提高了生产率，具有较好的性能价格比。该机床使用的原数控系统为华中 1 型数控系统，随着数控技术的不断更新换代，为了让学生紧跟数控技术发展的步伐，现已用华中 8 型数控系统改造了原机床。改造后配备华中 8 型数控系统的数控钻铣床如图 1-9 所示。

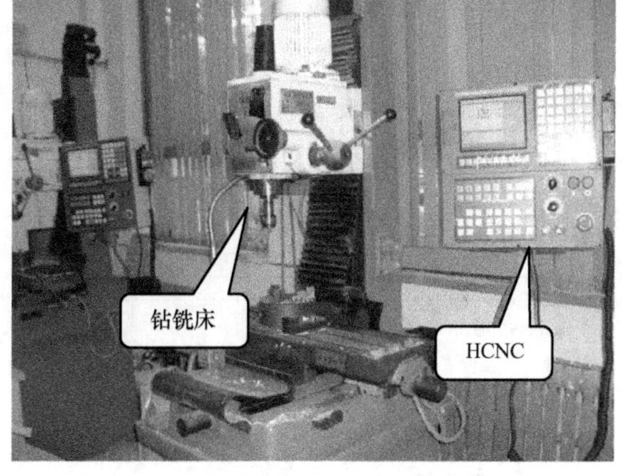

图 1-9　配备华中 8 型数控系统的数控钻铣床

机床规格及技术参数见表 1-1。

表 1-1　机床规格及技术参数

名　称	参　数
工作台面$\frac{宽度}{mm}\times\frac{长度}{mm}$	300×1000
最大钻孔直径/mm	32

（续）

名　称	参　数
最大平铣刀直径/mm	63
最大立铣刀直径/mm	28
主轴锥孔	No. 3
工作台 X 轴行程/mm	600
工作台 Y 轴行程/mm	300
工作台 Z 轴行程/mm	500
主轴转速级数	6 级
主轴转速范围/(r/min)	85～1600
X、Y、Z 轴交流伺服电动机功率/kW	1.5
主轴电动机功率/kW	0.85
主轴电动机转速/(r/min)	1420 或 2800
冷却泵电动机功率/W	1420 或 2800
机床外形尺寸/mm（长×宽×高）	1252×1382×2090
机床净质量/kg	1600

数控钻铣床电气控制原理图如图 1-10 所示。

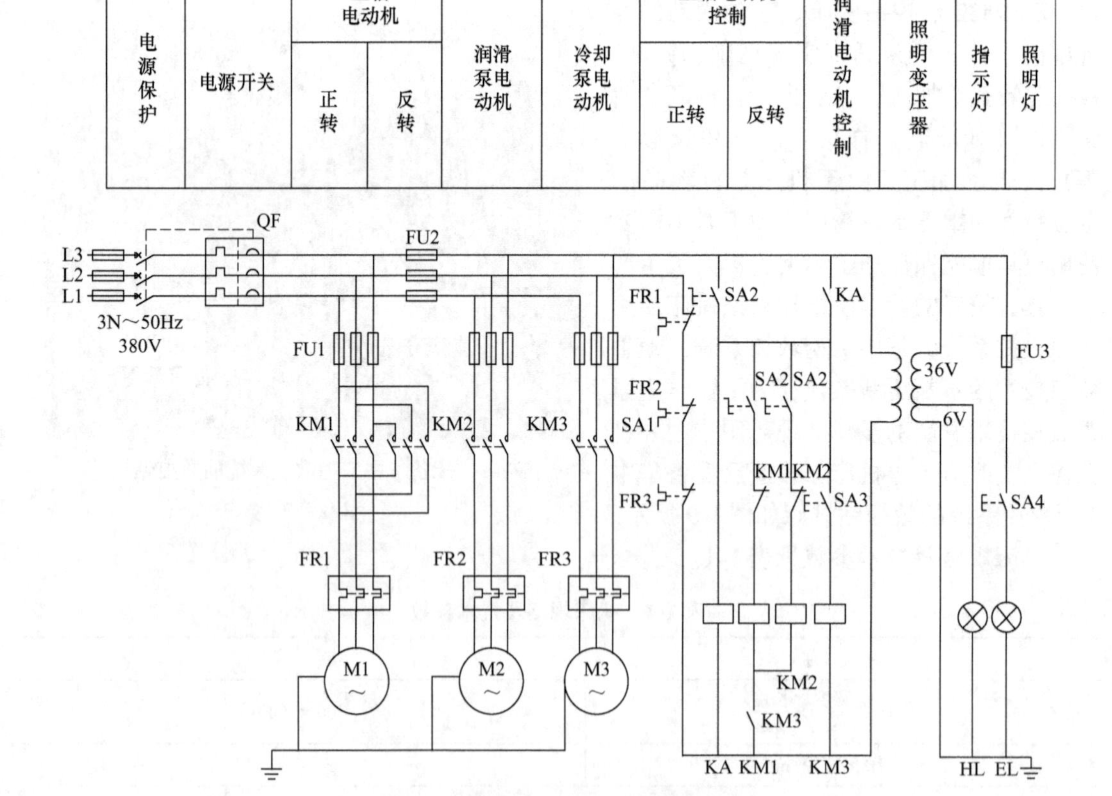

图 1-10　数控钻铣床电气控制原理图

（二）华中8型数控系统简介

华中8型数控系统构成如图1-11所示。

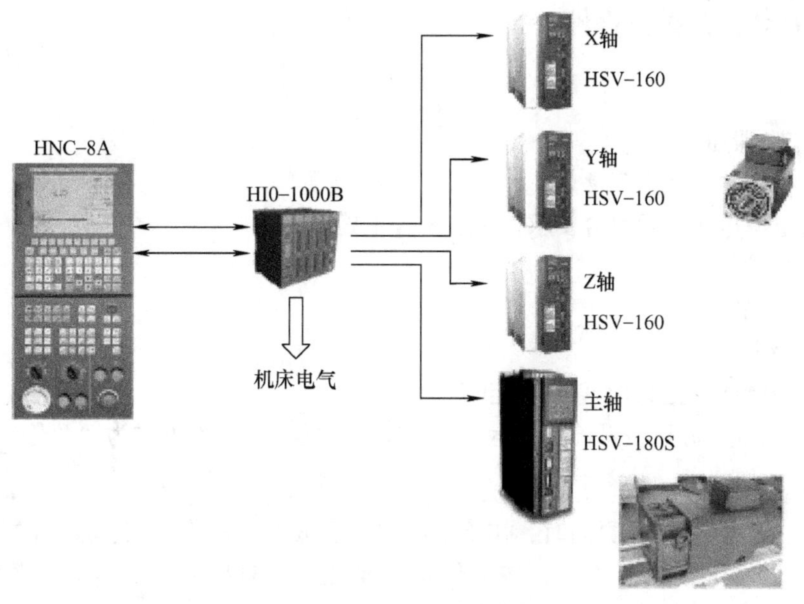

图1-11　华中8型数控系统构成

该系列产品是全数字总线式高档数控装置，采用模块化、开放式体系结构，基于具有自主知识产权的NCUC工业现场总线技术，支持总线式全数字伺服驱动单元和伺服电动机，支持总线式远程I/O单元，集成手持单元接口，采用电子盘程序存储方式，支持CF卡、USB和以太网等程序扩展和数据交换功能，采用8.4in（1in＝25.4mm）LED液晶显示屏，主要应用于数控车削中心和多轴联动数控机床等。

该系列产品的特点有：真彩图形界面设计，支持多轴多通道，梯形图在线监控和编辑，可保存线框图（界面任意切换，图形不丢失）等。

华中8系列继承了HNC－21系列强大的宏程序功能，并且有更进一步的扩展，用户可以使用更多的变量、函数，同时增加了用户宏程序模态调用等一系列高级功能，还支持龙门轴同步、动态轴释放/捕获、通道间同步等功能，简化了编程功能，能够实现镜像、缩放、旋转、直接图样尺寸编程等。华中8系列功能齐全，可实现各种内置循环。

和现有流行数控系统相比，华中8型数控系统具有以下三个创新点：

1）采用嵌入式一体化硬件结构，实现了NC与PC一体化，显著降低了系统功耗，提高了可靠性。

2）基于多CPU的数控装置硬件平台，实现了系统硬件可置换，软件可跨平台的功能。

3）模块化、层次化的开放式数控系统平台，强大的二次开发功能。

华中8型数控系统对机床厂和用户个性化产品开放，对特殊用户工艺集成开放，对大学的创新性技术开发研究开放，有助于国产数控系统的共同研究、应用和推广。

四、华中8型数控系统及数控钻铣床操作

（一）上电、关机及急停

1. 上电

上电操作步骤如下：

1）检查机床状态是否正常。

2）检查电源电压是否符合要求，接线是否正确。

3）按［急停］按钮。

4）机床上电。

5）数控上电。

6）检查控制面板上的指示灯是否正常。

接通数控装置电源后，系统自动运行系统软件。此时，工作方式为“急停”。

2. 复位

系统上电进入软件操作界面时，初始工作方式显示为“急停”，为运行控制系统，需右旋并拔起操作台右下角的［急停］按钮使系统复位，同时接通伺服电源。系统默认进入“回参考点”方式，软件操作界面的工作方式变为“回零”。

3. 返回机床零点

控制机床运动的前提是建立机床坐标系。因此，系统接通电源、复位后应先进行机床各轴回参考点的操作。

（1）回参考点操作

1）如果系统显示的当前工作方式不是“回零”方式，则应按控制面板上面的［回参考点］按键，确保系统处于“回零”方式。

2）通常应先进行 Z 轴回参考点，按［Z+］键（“回参考点方向”为“+”），Z 轴回到参考点后，［Z+］键内的指示灯亮。

3）用同样的方法使用［X+］、［Y+］键，使 X、Y 轴回参考点。所有轴回参考点后，即建立了机床坐标系。

（2）注意事项

1）每次电源接通后，必须先完成各轴的回参考点操作，再进入其他运行方式，以确保各轴坐标的正确性。

2）同时按轴方向选择按键［X+］、［Y+］、［Z+］，可使 X、Y、Z 轴同时返回参考点。此时应注意避免刀具和工件夹具产生碰撞。

3）在回参考点前，应确保回零轴位于参考点的“回参考点方向”相反侧（例如，若 X 轴的回参考点方向为负，则回参考点前，应保证 X 轴当前位置在参考点的正向侧），否则应手动移动该轴，直到其满足此条件。

4）在回参考点的过程中，若出现超程，则应按住控制面板上的［超程解除］键，向相反方向手动移动该轴，使其退出超程状态。

5）系统各轴回参考点后，在运行过程中只要伺服驱动装置不出现报警，其他报警都不需要重新回零（包括按［急停］按钮）。

6）在回参考点过程中，如果在按参考点开关之前按［复位］键，则回零操作被取消。

7）在回参考点过程中，如果在按参考点开关之后按下［复位］键，则此操作无效，不能取消回零操作。

4. 急停

机床运行过程中，在危险或紧急情况下，按［急停］按钮，数控系统即进入急停状态，伺服进给及主轴运转立即停止工作（控制柜内的进给驱动电源被切断）；松开［急停］按钮（右旋此按钮，自动跳起），系统进入复位状态。

解除急停前，应先确认故障原因是否已经排除，而解除急停后，应重新执行回参考点操作，以确保坐标位置的正确性。

注意：在上电和关机之前应按［急停］按钮以减少设备电冲击。

5. 超程解除

在伺服轴行程的两端各有一个极限开关，作用是防止伺服机构碰撞而损坏。每当伺服机构碰到行程极限开关时，就会出现超程。当某轴出现超程（［超程解除］键内指示灯亮）时，系统紧急停止，要退出超程状态时，可进行如下操作：

1）调整至“手动”或“手摇”方式。

2）长按［超程解除］键（控制器会暂时忽略超程的紧急情况）。

3）在手动（手摇）方式下，使该轴向相反方向退出超程状态。

4）松开［超程解除］键。

若显示屏上运行状态栏中以“运行正常”取代了“出错”，则表示系统恢复正常，可以继续操作。

注意：在操作机床退出超程状态时，请务必注意移动方向及移动速率，以免发生撞机。

6. 关机

机床关机操作步骤如下：

1）按控制面板上的［急停］按钮，断开伺服电源。

2）断开数控电源。

3）断开机床电源。

（二）机床手动操作

机床手动操作主要通过手持单元和机床控制面板实现。本项目要求的手动操作主要包括以下内容：

1. 手动控制机床坐标轴

手动控制机床坐标轴即手动进给，其操作由手持单元和机床控制面板上的［方式选择］、［轴手动］、［增量倍率］、［进给修调］以及［快速修调］等键共同完成。

按［手动］键（指示灯亮），系统处于手动运行方式。在手动运行方式下，可以实现机床坐标轴的点动移动、快速移动、修调和用手轮进给。

（1）点动坐标轴　以点动移动 X 轴为例。按［X+］或［X-］键（指示灯亮），X 轴将产生正向或负向连续移动；松开按键（指示灯灭），*X* 轴即减速停止。

用同样的操作方法，可使 *Y*、*Z* 轴产生正向或负向连续移动。

在手动运行方式下，同时按 *X*、*Y*、*Z* 方向的轴手动按键，能同时手动控制 *X*、*Y*、*Z* 轴使其连续移动。

（2）手动快速移动　若在手动进给的同时按［快进］键，则会产生相应轴的正向或负向快速运动。

（3）进给修调　在自动方式或 MDI 运行方式下，当 F 代码编程的进给速度偏高或偏低时，可手动旋转进给修调波段开关，修调程序中编制的进给速度，修调范围为 0～120%。在手动连续进给方式下，也可以修调进给速度，图 1-12 所示为手动调节进给倍率的波段开关。

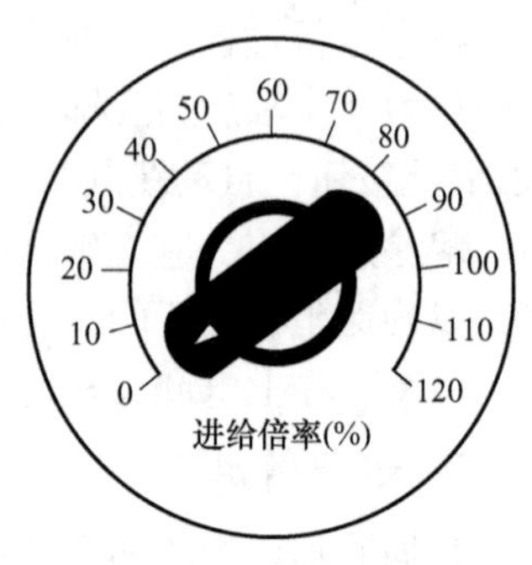

图 1-12　手动调节进给倍率的波段开关

（4）手轮进给　当手持单元的坐标轴选择波段开关置于［X］、［Y］、［Z］档时，按控制面板上的［增量］键（指示灯亮），系统处于手轮进给方式，可用手轮进给机床坐标轴。

以 *X* 轴手摇进给为例。先将手持单元的坐标轴选择波段开关置于［X］档，然后将手摇脉冲发生器沿顺时针或逆时针旋转一格，即可控制 *X* 轴沿正向或负向移动一个增量值。

用同样的操作方法，通过手持单元可以控制 *Y*、*Z* 轴沿正向或负向移动一个增量值。

注意：手摇进给方式每次只能增量进给一个坐标轴。手摇进给的增量值（手摇脉冲发生器每转一格的移动量）由手持单元的增量倍率波段开关［×1］、［×10］、［×100］控制。

2. 手动控制主轴

手动控制主轴由机床控制面板上的主轴手动控制按键完成。在手动方式下，按［主轴正转］键（指示灯亮），主轴电动机以机床参数设定的转速正转，直到按［主轴停止］键；按［主轴反转］键（指示灯亮），主轴电动机以机床参数设定的转速反转，直到按［主轴停止］按键（指示灯亮），主轴电动机停止运转。

注意：［主轴正转］、［主轴反转］、［主轴停止］这几个键互锁，即按其中一个（指示灯亮），其余两个会失效（指示灯灭）。

3. 机床锁住

机床锁住后禁止机床的所有运动。

（1）机床锁住　在手动运行方式下，按［机床锁住］键（指示灯亮），此时再进行手动操作，显示屏上的坐标轴位置信息发生变化，但不输出伺服轴的移动指令，所以机床停止不动。

（2）*Z* 轴锁住　该功能用于禁止进刀。在只需要校验 *XY* 平面的机床运动轨迹时，可以使用［Z 轴锁住］功能。在手动运行方式下，按［Z 轴锁住］键（指示灯亮），再切换到自动运行方式运行加工程序，*Z* 轴坐标位置信息变化，但 *Z* 轴不进行实际运动。

注意：［机床锁住］键和［Z 轴锁住］键在手动运行方式下有效，在自动运行方式下无效。

4. 其他手动操作

(1) 冷却启动与停止 在手动运行方式下，按［冷却］键，冷却液开（默认为冷却液关），再按一下为冷却液关，如此循环。

(2) 工作灯 在手动运行方式下，按［工作灯］键，打开工作灯（默认值为关闭）；再按一下为关闭工作灯。

(3) 自动断电 在手动运行方式下，按［自动断电］键，当程序出现 M30 时，在定时器定时结束后机床自动断电。

5. 手动数据输入（MDI）运行

按 MDI 主菜单键进入 MDI 功能，用户可以从 NC 键盘输入并执行一行或多行 G 代码指令段，如图 1-13 所示。

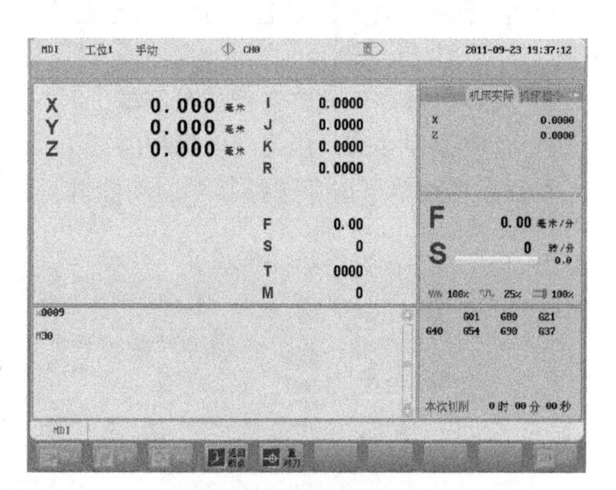

图 1-13 MDI 运行图

(1) 输入 MDI 指令段 MDI 输入的最小单位是一个有效指令字。因此，输入一个 MDI 运行指令段可以有以下两种方法：

1）一次输入，即一次输入多个指令字的信息。

2）多次输入，即每次输入一个指令字信息。

例如，要输入“G00 X100 Z1000”MDI 运行指令段，可以直接输入“G00 X100 Z1000”，然后按［输入］键，则显示窗口内关键字“X”“Z”的值将分别变为“100”“1000”。

在输入命令时，可以看见输入的内容，如果发现输入错误，则可通过［BS］、［▶］和［◀］键进行编辑；按［输入］键后，若系统发现输入有误，则会提示相应的错误信息，此时可按［清除］键将输入的数据清除。

(2) 运行 MDI 指令段 在输入完一个 MDI 指令段后，按操作面板上的［循环启动］键，系统即开始运行所输入的 MDI 指令。

如果输入的 MDI 指令信息不完整或存在语法错误，则系统会提示相应的错误信息，此时不能运行 MDI 指令。

注意：

1）系统进入 MDI 状态后，标题栏将出现“MDI”状态图标。

2）用户从 MDI 切换到非程序界面时仍处于 MDI 状态。

3）自动运行过程中，不能进入 MDI 状态，可在进给保持后进入。

4）MDI 状态下，用户按［复位］键，系统将停止并清除 MDI 程序。

（三）程序编辑、管理及运行

本项目主要练习在程序主菜单下对零件程序进行的编辑、存储及运行等操作。

1. 程序选择

（1）选择文件　程序类型（来源）分为内存程序与交换区程序。内存程序是一次性载入内存中的程序，选中执行时直接从内存中读取；交换区程序是选中执行时载入交换区的程序，主要支持超大程序的运行。

内存程序最大行数为120000行，超过该行数限制的程序将被识别为交换区程序。程序内存已满时，即使程序总行数小于120000行也将被识别为交换区程序，且不允许前台新建程序，后台新建程序同样将被识别为交换区程序。

注意：

1）由于系统交换区只有一个，因此在多通道系统中同一时刻只允许运行一个交换区程序。

2）交换区程序不允许进行前台编辑。

3）U盘程序类型只能是交换区程序。

在程序主菜单下按［选择］对应功能键，将出现如图1-14所示的程序选择界面。

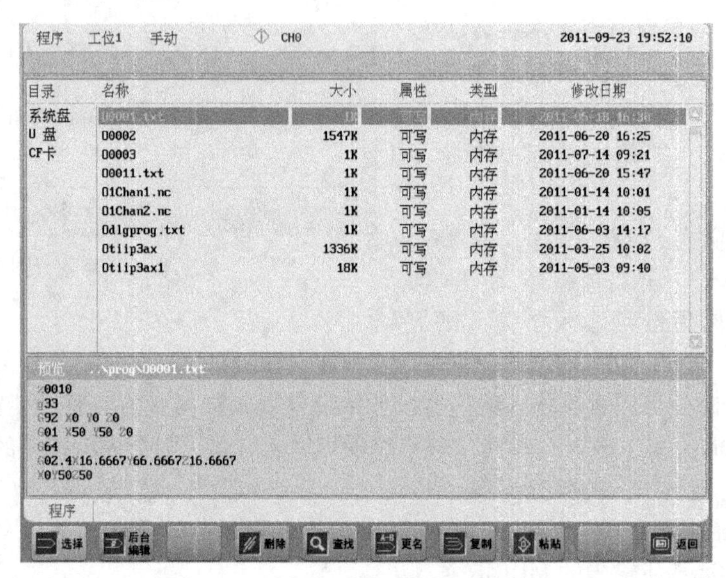

图1-14　程序选择界面

选择文件的操作步骤如下：

1）如图1-14所示，用［▲］和［▼］选择存储器类型（系统盘、U盘或CF卡），也可用［Enter］键查看所选存储器的子目录。

2）用光标键［▶］切换至程序文件列表。

3）用［▲］和［▼］选择程序文件。

4）按［Enter］键，即可将该程序文件选中并调入加工缓冲区。

如果被选程序文件是只读G代码文件，则有［R］标识。

注意：

1）如果用户没有作出选择，则系统指向上次存放在加工缓冲区的一个加工程序。

2）程序文件名一般是由字母“O”开头，后跟四个（或多个）数字或字母组成，系统默认程序文件名是由字母“O”开头的。

3）HNC-808、HNC-818系统支持的文件名长度为“8+3”格式，即文件名由1~8个字母或数字组成，再加上扩展名（0~3个字母或数字组成），如“MyPart.001”“O1234”等。

4）HNC-848系统支持的文件名长度为“32+3”格式。

（2）后台编辑　后台编辑就是在系统进行加工操作的同时，用户对其他程序文件进行编辑工作。按［后台编辑］键，则进入编辑状态。

（3）后台新建　后台新建就是在加工的同时，创建新的文件。操作步骤如下：

1）选择［程序］→［选择］→［后台编辑］→［后台新建］。

2）输入文件名。

3）按［Enter］键后，即可编辑文件。

（4）复制与粘贴文件　使用复制与粘贴功能，可以将某个文件复制到指定路径。操作步骤如下：

1）在［程序］→［选择］子菜单下，选择需要复制的文件。

2）按［复制］对应功能键。

3）选择目的文件夹（注意：必须是不同的目录）。

4）按［粘贴］对应功能键，完成复制文件的工作。

2. 程序编辑

（1）编辑文件　系统加工缓冲区已存在程序时，按［程序］→［编辑］对应功能键，即可编辑当前载入的文件。

系统加工缓冲区不存在程序时，按［程序］→［编辑］对应功能键，系统自动新建一个文件，按［Enter］键后，即可编写新建的加工程序。

（2）新建文件　操作步骤如下：

1）按［程序］→［编辑］→［新建］对应功能键。

2）输入文件名，按［Enter］键确认后，就可以编辑新文件了。

注意：

1）新建程序文件的默认目录为系统盘的prog目录。

2）新建文件名不能和已存在的文件名相同。

（3）保存文件　按［程序］→［编辑］→［保存］对应功能键，系统则完成保存文件的工作。

注意：程序为只读文件时，按［保存］键后，系统会提示“保存文件失败”，此时只能使用［另存为］功能。

（4）另存文件　操作步骤如下：

1）按［程序］→［编辑］→［另存为］对应功能键。

2）使用光标键选择存放的目标文件夹。

3）按［▶］键，切换到输入框，输入文件名。

4）按［Enter］键，用户则可继续进行编辑文件的操作。

3. 程序运行及停止

（1）任意行

1）指定行号，操作步骤如下：①按机床控制面板上的［进给保持］键（指示灯亮），系统处于进给保持状态。②按［程序］→［任意行］→［指定行号］对应功能键，系统给出编辑框，输入开始运行行的行号。③按［Enter］键确认操作。④按机床控制面板上的［循环启动］键，程序从指定行号开始运行。

2）蓝色行，操作步骤如下：①按机床控制面板上的［进给保持］键（指示灯亮），系统处于进给保持状态。②按［程序］→［任意行］→［蓝色行］对应功能键。③按机床控制面板上的［循环启动］键，程序从当前行开始运行。

3）红色行，操作步骤如下：①按机床控制面板上的［进给保持］键（指示灯亮），系统处于进给保持状态。②用［▲］、［▼］、［PgUp］和［PgDn］键移动光标（红色）到要开始的运行行。③按［程序］→［任意行］→［红色行］对应功能键。④按机床控制面板上的［循环启动］键，程序从红色行开始运行。

注意：对于上述的任意行操作，用户不能将光标指定在子程序部分，否则可能造成事故。

（2）停止运行　在程序运行的过程中，如果需要暂停运行，则应执行以下步骤：

1）按［程序］→［停止］对应功能键，系统提示“已暂停加工，取消当前运行程序(Y/N)?”。

2）如果用户按［N］键，则暂停程序运行，并保留当前运行程序的模态信息（暂停运行后，可按机床控制面板上的［循环启动］键，从暂停处重新启动运行）。

3）如果用户按［Y］键，则停止程序运行，并卸载当前运行程序的模态信息（停止运行后，只有选择程序才能重新启动运行）。

（3）重运行　在中止当前加工程序后，如果希望程序重新开始运行，则应执行以下步骤：

1）按［程序］→［重运行］对应功能键，系统提示“是否重新开始执行（Y/N)?”。

2）如果用户按［N］键，则取消重新运行。

3）如果用户按［Y］键，则光标将返回到程序开始处，再按机床控制面板上的［循环启动］键，从程序首行开始重新运行。

4. 运行控制

（1）启动、暂停、中止

1）启动运行。系统载入零件加工程序，经校验无误后，可正式启动运行。启动运行操作步骤如下：①按机床控制面板上的［自动］键（指示灯亮），进入程序运行方式。②按机床控制面板上的［循环启动］键（指示灯亮），机床开始自动运行载入的零件加工程序。

2）暂停运行。在程序运行的过程中，若需要暂停运行，则可按下述步骤操作：

① 在程序运行的任何位置，按机床控制面板上的［进给保持］键（指示灯亮），系统处于进给保持状态。

② 再按一下机床控制面板上的［循环启动］键（指示灯亮），机床又开始自动运行载入的零件加工程序。

3）中止运行。在程序运行的过程中，若需要中止运行，则可按下述步骤操作：

① 在程序运行的任何位置，按机床控制面板上的［进给保持］键（指示灯亮），系统处于进给保持状态。

② 按机床控制面板上的［手动］键，将机床的 M、S 功能关掉。

③ 此时若要退出系统，则可按机床控制面板上的［急停］按钮，中止程序的运行。

④ 此时若要中止当前程序的运行，又不退出系统，则可按［程序］→［重运行］对应功能键，重新载入程序。

(2) 空运行　在自动方式下，按机床控制面板上的［空运行］键（指示灯亮），CNC 处于空运行状态。程序中编制的进给速率被忽略，坐标轴以最大快移速度移动。空运行不做实际切削，目的在于确认切削路径及程序。在实际切削时，应关闭此功能，否则可能会造成危险。

注意：此功能对螺纹切削无效。

(3) 程序跳段　如果在程序中使用了跳段符号“/”，则按［程序跳段］键后，程序运行到有该符号标定的程序段时即跳过不执行该段程序；若解除该键，则跳段功能无效。

(4) 选择停　如果程序中使用了 M01 辅助指令，则按［选择停］键后，程序运行到 M01 指令即停止，再按［循环启动］键，程序段继续运行，若解除该键，则 M01 辅助指令功能无效。

(5) 单段运行　按机床控制面板上的［单段］键（指示灯亮），系统处于单段自动运行方式，程序控制将逐段运行：

1) 按［循环启动］键，运行一程序段，机床运动轴减速停止，刀具停止运行。

2) 再按［循环启动］键，又运行下一程序段，运行结束后再次停止。

(6) 运行时干预

1) 进给速度修调。在自动运行方式或 MDI 运行方式下，当 F 代码编程的进给速度偏高或偏低时，可旋转进给修调波段开关，修调程序中编制的进给速度，修调范围为 0～120%。

2) 快移速度修调。根据不同的控制面板，有以下两种快移修调方式：

① 在自动运行方式或 MDI 运行方式下，旋转快移修调波段开关，修调程序中编制的快移速度，修调范围为 0～100%。在手动连续进给方式下，此波段开关可调节手动快移速度。

② 在自动运行方式或 MDI 运行方式下，按相应的快移修调倍率按钮。

(7) 机床锁住　禁止机床坐标轴动作。在手动运行方式下按［机床锁住］键（指示灯亮），此时在自动运行方式下运行程序，可模拟程序运行，显示屏上的坐标轴位置信息变化，但不输出伺服轴的移动指令，所以机床停止不动。这个功能用于校验程序。

注意：

1) 即便是 G28、G29 功能，刀具也无法运动到参考点。

2) 在自动运行过程中，按［机床锁住］键，机床锁住无效。

3) 在自动运行过程中，只有运行结束时，才可解除机床锁住。

4) 每次执行机床锁住功能后，需再次进行回参考点操作。

五、项目作业内容

1) 静态观察 FTC－20 数控车床的各个组成部分，认识转塔刀架和排屑器，指出各刀位上刀具的名称及用途。

2) 动态观察 FTC－20 数控车床的仪表数值。了解液压卡盘的夹紧、松开过程，液压尾座的前进、后退过程，转塔刀架的手动控制及自动控制。

3）用右手定则判定 ZJK7532 数控钻铣床各轴及方向，观察返回参考点的过程，明确返回参考点的原理。

4）观察华中 8 型数控系统的各个组成部分，熟悉其操作界面。

5）进行 ZJK7532 数控钻铣床的返回参考点、点动、手轮进给、MDI 运行及自动执行程序操作。

“典型数控机床的结构分析及操作”项目作业

日期：______年____月____日　　　　　　　　　　指导教师：________
班级：________姓名：________学号：__________成绩：________

一、项目目标

二、项目内容简述

三、简述本项目所用数控机床的结构和性能

四、总结数控铣床的开关机及操作过程

五、回答思考题

1）回参考点的意义是什么？

2）利用手轮可使哪些操作更加方便？

3）*Z*轴电动机和*X*、*Y*轴电动机有何区别？

数控铣床手工编程及加工

一、项目目标

1）了解铣削加工的工艺参数。
2）掌握常用数控铣削编程指令。
3）熟悉数控铣削手工编程方法。
4）学会数控铣床实际操作加工。

二、项目原理

（一）数控铣削编程基础

1. 机床坐标系与工件坐标系

为编程方便，在描述刀具与工件的相对运动时，统一规定：工件静止，刀具相对工件运动。这样编程人员就可以在不考虑机床上工件与刀具具体运动的情况下，直接依据零件图样，确定机床的加工过程。

数控机床上由数控装置来控制机床动作，为了确定数控机床的成形运动和辅助运动，需要通过坐标系来表现机床运动的位移和方向，这个坐标系称为机床坐标系。

机床坐标系中描述直线运动的坐标系是一个标准的笛卡儿坐标系，各坐标轴及其正方向满足右手定则。如图2-1所示，拇指代表 X 轴、食指代表 Y 轴、中指代表 Z 轴，指尖所指的方向为各坐标轴的正方向。

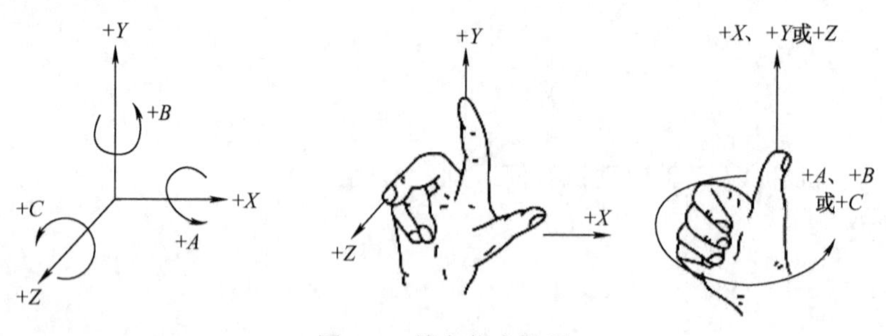

图2-1　笛卡儿坐标系

围绕 X、Y、Z 轴旋转的旋转坐标轴分别用 A、B、C 表示，根据右手螺旋定则，大拇指所指的方向为 X、Y、Z 坐标中任一轴的正向，则其余四指的旋转方向即为旋转坐标轴 A、B、C 的正向。

各直线轴运动方向规定，刀具远离工件的方向即为各坐标轴的正方向。

机床原点为机床上的一个固定点，也称机床零点或机床零位，是机床制造厂家设置在机床上的一个物理位置，是数控机床运动坐标的起始点，也是其他所有坐标系（如工件坐标系、编程坐标系以及机床坐标系）的基准点。机床原点在机床装配、调试时就已经确定下来，不能随意改变，是数控机床进行加工运动的基准参考点。机床坐标系是以机床原点为坐标原点的机床上固有的坐标系。

机床坐标系和机床原点在机床说明书中均有规定，一般利用机床机械结构的基准线来确定。数控铣床的原点一般取在 X、Y、Z 坐标的正方向极限位置上。

工件坐标系又称编程坐标系，是为满足编程需要，根据加工零件图样及加工工艺要求等建立的坐标系，在确定工件坐标系时不必考虑工件在机床上的实际装夹位置。编程原点是根据加工零件图样及加工工艺要求选定的编程坐标系的原点。编程原点应尽量选择在零件的设计基准或工艺基准上，编程坐标系应与机床坐标系平行或重合，即编程坐标系中各轴的方向应该与所使用的数控机床相应坐标轴的方向一致。

2. 与坐标相关的 G 功能指令

（1）绝对坐标和相对坐标编程指令 G90 与 G91　G90 指令用于设置绝对坐标编程方式，是模态指令。一般数控系统的坐标编程方式的默认状态是 G90，即绝对坐标编程状态。

相对坐标又称为增量坐标，用 G91 指令指定。G91 也是模态指令，在使用 G91 指令的程序段及其后续程序段中，编程尺寸均按相对坐标给定，即每一程序段坐标运动的终点坐标是相对该程序段起点的坐标增量，或者说是相对于上一程序段终点坐标或程序开始时刀具起点坐标的增量。

（2）工件坐标系设定的预置寄存指令 G92　在编制程序时，使用的是工件坐标系。使用绝对值编程时，必须先将刀具的起刀点位置及工件坐标系原点（也称编程原点）告知数控系统。G92 指令用于实现此功能，通过该指令可设置工件坐标系原点在机床坐标系中的位置。

G92 指令的编程格式：G92　X_　Y_　Z_;

其功能是存储 G92 后的尺寸字，将其作为刀具起刀点在工件坐标系中的坐标值，由此建立工件坐标系。G92 指令也可以看作是在加工坐标系中，确定刀具起始点的坐标值。程序段 G92 X30 Y25 Z28；所定义的刀具起点在工件坐标系中的位置如图 2-2 所示。

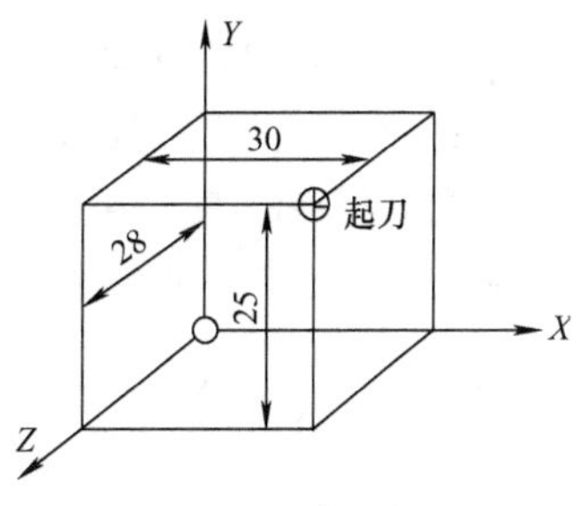

图 2-2　工件坐标系

（3）工件坐标系零点偏置指令 G53 ~ G59　一般数控机床可以用 G54 ~ G59 指令预先设定六个工件坐标系，这些工件坐标系的坐标原点在机床坐标系中的位置可用手动数据输入方式输入，并存储在机床存储器内。在程序中一旦指定了 G54 ~ G59 指令之一，则该工件坐标系原点即作为当前程序原点，后续程序段中的工件坐标均以该工件坐标系作为基准，如图 2-3 所示。G53 指令用于取消 G54 ~ G59 指令功能，使其恢复到机床坐标系。

（4）插补坐标平面选择指令 G17 ~ G19　对于三坐标以上的数控机床，需要用 G17、G18 或 G19 指令分别设定插补的 *XY*、*ZX* 或 *YZ* 坐标平面，如图 2-4 所示。

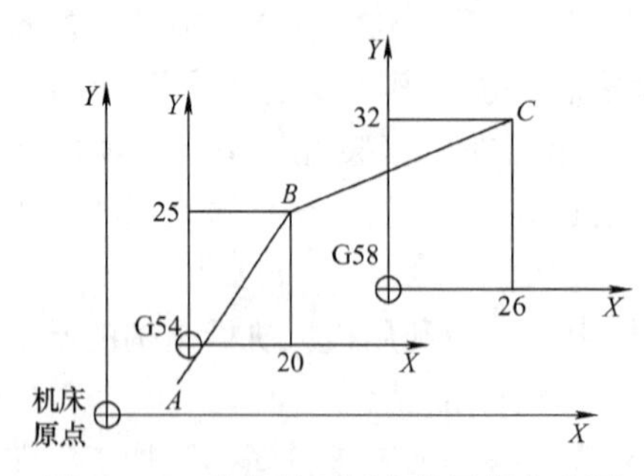

图 2-3　工件坐标系零点偏置指令应用

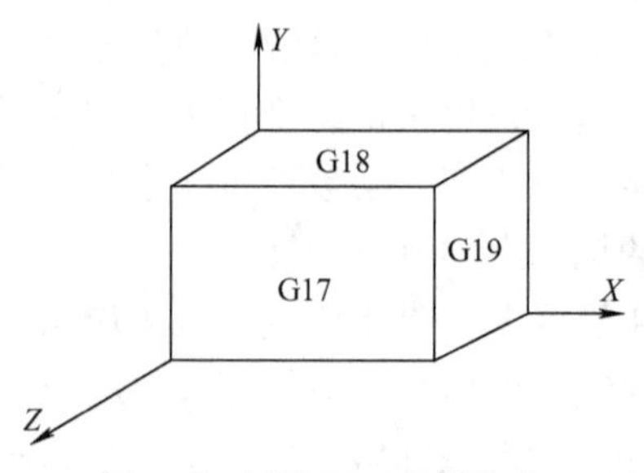

图 2-4　插补平面选择指令

3. 常用 G 功能指令及进给、主轴功能字

（1）快速点定位指令 G00　快速点定位指令 G00 控制刀具在点位控制的方式下以系统给定的速度快速移动到目标位置。指令执行开始后，刀具沿着各个坐标方向按参数设定的速度移动，最后减速到达终点。

G00 指令的编程格式：G00　X_　Y_　Z_；

（2）直线插补指令 G01　直线插补指令 G01 用于使系统从当前位置按给定的进给速度 F 沿直线运动到目标位置。直线插补指令不仅控制运动轨迹，还控制运动过程中各点的速度。

G01 指令的编程格式：G01　X_　Y_　Z_　F_；

其中，X、Y、Z 后的数值是直线插补的终点坐标值，F 后的数值是给定的进给速度。如图 2-5 所示，从 *A* 点到 *B* 点直线插补运动的程序段有两种表达方式：

绝对坐标编程：G90　G01　X18　Y20　F150；

增量坐标编程：G91　G01　X8　Y12　F150；

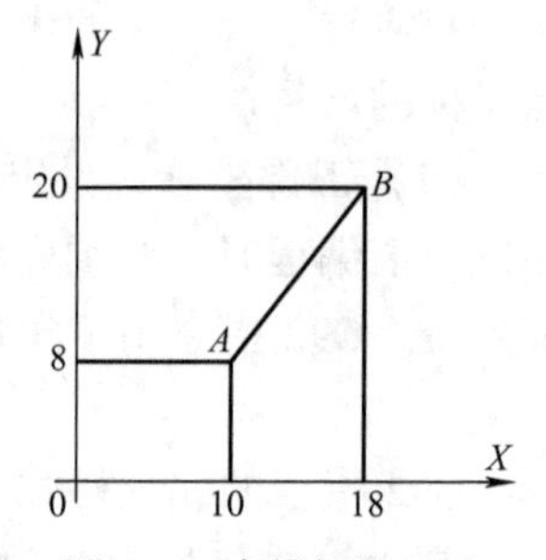

图 2-5　直线插补运动

（3）圆弧插补指令 G02 和 G03　G02 指令为以指定的进给速度顺时针圆弧插补，G03 指令为以指定的进给速度逆时针圆弧插补。圆弧顺、逆方向的判别方法：沿着垂直于圆弧所在平面的坐标轴，从正方向向负方向看，刀具相对于工件的插补方向是顺时针方向的为 G02，反之为 G03。在圆弧加工中使用圆弧插补指令时，I、J、K 表示的是圆弧的圆心相对起点的增量值，也就是圆心坐标值的代数差；R 为圆弧半径。

G02 和 G03 指令的编程格式：

$$\mathrm{G17}\begin{Bmatrix}\mathrm{G02}\\ \mathrm{G03}\end{Bmatrix}\ \mathrm{X\_}\quad \mathrm{Y}\begin{Bmatrix}\mathrm{R\_} & \\ \mathrm{I\_} & \mathrm{J\_}\end{Bmatrix}\ \mathrm{F\_}\ ;$$

$$\mathrm{G18}\begin{Bmatrix}\mathrm{G02}\\ \mathrm{G03}\end{Bmatrix}\ \mathrm{X\_}\quad \mathrm{Z}\begin{Bmatrix}\mathrm{R\_} & \\ \mathrm{I\_} & \mathrm{K\_}\end{Bmatrix}\ \mathrm{F\_}\ ;$$

$$\mathrm{G19}\begin{Bmatrix}\mathrm{G02}\\ \mathrm{G03}\end{Bmatrix}\ \mathrm{Y\_}\quad \mathrm{Z}\begin{Bmatrix}\mathrm{R\_} & \\ \mathrm{J\_} & \mathrm{K\_}\end{Bmatrix}\ \mathrm{F\_}\ ;$$

（4）暂停指令 G04　暂停指令 G04 的功能是使刀具作短时间的停留（或延时），可用于无进给光整加工，如车槽、镗孔、钻孔等加工场合。

编程格式：G04　P_；

其中，P 为暂停时间，单位为 s 或 ms，具体由所采用的数控系统决定。暂停指令在上一程序段运动结束后开始执行，该指令为非模态指令，仅在本程序段有效。

如：N50　G04　P2000；　　　　　　　　//暂停 2s

（5）刀具半径补偿指令 G40 ~ G42　当进行零件轮廓加工时，由于刀具半径尺寸的影响，刀具中心轨迹与所要加工的零件轮廓并不重合，刀具的中心轨迹往往会偏离零件轮廓一定的距离。数控机床控制的实际是刀具的中心轨迹，加工中需要知道刀具中心实际的走刀轨迹，选用不同的刀具半径，其刀具中心轨迹也不同。为了避免在编程中计算刀具中心轨迹，一般数控系统都提供了刀具半径补偿功能，使得编程人员能直接按零件图样上的轮廓尺寸编程。

刀具半径补偿指令包括 G41、G42 和 G40。G41 为左刀具半径补偿指令，G42 为右刀具半径补偿指令，G40 为撤销刀补指令。

刀具补偿功能编程格式：

$\left\{\begin{matrix}\mathrm{G00}\\\mathrm{G01}\end{matrix}\right\}\left\{\begin{matrix}\mathrm{G41}\\\mathrm{G42}\end{matrix}\right\}$　X_　Y_　H_；　　　　　　　　//建立刀具半径补偿程序段

$\left.\begin{matrix}\cdots\cdots\\\cdots\cdots\\\cdots\cdots\end{matrix}\right\}$　　　　　　　　//轮廓加工程序段

$\left\{\begin{matrix}\mathrm{G00}\\\mathrm{G01}\end{matrix}\right\}$　G40　X_　Y_；　　　　　　　　//撤销刀具半径补偿程序段

其中，G41 或 G42 程序段中的地址符 X、Y 后的数值是建立刀具补偿直线段的终点坐标值。

G40 程序段中的地址符 X、Y 后的数值是撤销补偿直线段的终点坐标值。H 为刀具半径补偿代号地址字，有的数控系统用 D 作为刀具半径补偿地址字，后面一般用两位数字表示代号，代号与存储刀具半径补偿值的寄存器号相对应。

（6）进给功能字 F　进给功能也称 F 功能，由地址符 F 及其后续的数值组成，用于指定刀具的进给速度。

（7）主轴转速功能字 S　主轴转速功能字的地址符是 S，又称为 S 功能或 S 指令，用于指定主轴转速。一般直接用 S 后边的数字表示，单位为 r/min。

4. 常用 M 指令

（1）M00　程序停止。在完成编有 M00 指令的程序段功能后，主轴停转，进给停止，冷却液关闭，程序暂停。该指令可用于加工过程中的停机检查、尺寸检测或手工换刀等。可利用机床操作面板上的［循环启动］按钮再次启动运转，并执行下一个程序段。

（2）M01　计划停止。该指令与 M00 相似，所不同的是，只有在机床操作面板上的［计划停止］按键被按下时，M01 指令功能才有效。该指令常用于工件关键尺寸的停机抽样检查等有关场合。

（3）M02　程序结束。表示结束程序执行并使数控系统处于复位状态，命令主轴停转，进给停止，冷却液关闭，系统复位。M02 指令通常写在最后一个程序段中，是非模态 M 指令。

（4）M30　过去用于表示纸带结束并倒带至纸带起始处，现在表示程序结束并返回。在完成程序所有指令后，主轴停转，进给停止，冷却液关闭，并将程序指针返回到第一个程序段。

（5）M03　主轴沿顺时针方向转动。启动主轴按左旋螺纹进入工件的方向。

（6）M04　主轴沿逆时针方向转动。启动主轴按右旋螺纹进入工件的方向。

（7）M05　主轴停止转动。

（8）M06　换刀指令。手动或自动换刀指令，要换上的刀具用 T 指令指定，该指令能使冷却液自动关闭的同时使主轴停转。

（9）M07　2#冷却液开。例如雾状冷却液开。

（10）M08　1#冷却液开。例如液状冷却液开。

（11）M09　冷却液关。关闭开启的冷却液。

（二）加工程序的一般格式

1. 程序开始符和结束符

程序开始符和结束符是同一个字符，ISO 代码中是%，EIA 代码中是 EP，书写时要单列一行。

2. 程序名

程序名有两种形式：一种是由英文字母 O 或 P 后加 1～4 位正整数组成；另一种是由英文字母开头，字母数字混合组成的，一般要求单列一行。

3. 程序主体

程序主体是由若干个程序段组成的，每个程序段一般占一行。

4. 程序结束指令

程序结束指令可以用 M02 或 M30。

华中 8 型数控系统加工程序的一般格式举例如下：

```
%1234;                                      //开始符
O1000;                                      //程序名
N10  G00  G90  X50  Y30  M03  S1000;  ┐
N20  G01  X60.5  Y50.2  F250  T01  M08;│
N30  X90;                             ├    //程序主体
……                                    │
N200  M30;                            ┘
%;                                          //结束符
```

程序段的格式如下所示：

N_	G_	X_Y_Z_	F_	S_	T_	M_
顺序号	准备功能	尺寸字	进给功能	主轴转速	刀具	辅助功能

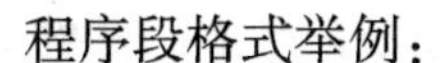

程序段格式举例：

N30　G01　X50　Y30　F200　S1000　T02；

N40　X100；

三、对刀原理及方法

对刀是数控加工中的主要操作和重要技能，对刀的准确性决定了零件的加工精度，同时，对刀效率还直接影响加工效率。在操作和编程的过程中，弄清楚基本坐标系和对刀原理是非常重要的。

1. 对刀原理

加工中通常使用两个坐标系，一个是机床坐标系，另一个是工件坐标系，对刀就是为了建立两个坐标系的联系。首先确定工件坐标系与机床坐标系之间的空间位置关系，再确定对刀点与工件坐标原点的空间位置关系，最后将对刀数据输入到相应的工件坐标系存储单元。

2. 对刀方法

对刀操作分为 *X* 向、*Y* 向和 *Z* 向对刀。目前常用的对刀方法分为简易对刀法和对刀仪自动对刀法。简易对刀法又包括试切法对刀和寻边器、*Z* 轴定向器对刀，可根据现有条件和加工精度进行选择。

现简述简易对刀法中试切法的对刀过程（寻边器、*Z* 轴定向器对刀在项目六中介绍）。

数控钻铣床的对刀内容包括基准刀具的对刀和各个刀具相对偏差的测定两部分。由于本项目所用机床只装一把刀具，只要将该刀具作为基准刀具进行对刀操作即可。下面仅对此操作过程进行说明：

1）装夹好工件以及基准刀具（或对刀工具）。

2）将原 G54 中的数值清零。

3）将方式开关置于“回参考点”位置，分别按［X+］、［Y+］、［Z+］方向键令机床进行回参考点操作，此时机床原点与参考点重合，则坐标显示为（0，0，0）。

4）以待加工工件孔或外形的对称中心为 *X*、*Y* 轴的对刀位置点，用手轮操作，使刀具侧刃接触（刀具应旋转）待加工工件孔或外形的两侧，用中分法确定 *X*、*Y* 的中心点坐标如（-156.437，-86.999），将此值输入 G54 的 *X*、*Y* 坐标中。

5）以工件上表面为 *Z* 方向对刀位置点，用手轮操作，使刀具端面（或刀心）接触（刀具应旋转）待加工工件上表面，将此值输入 G54 的 *Z* 坐标中。

图 2-6　毛坯装夹图

3. 华中 HNC-808 型数控系统的对刀过程

本项目所用机床为用华中 HNC-808 型数控系统改造的数控钻铣床，其操作已在项目一中介绍。现以本项目加工扳手为例，其对刀过程如下：

1）如图 2-6 所示，将有机玻璃毛坯

装夹在机床工作台面上。该毛坯为 210mm×60mm×5mm 的板料，通过板料已加工好的两个 ϕ10mm 的孔，用 T 形螺栓固定。

2）在手动模式下移动刀具，使刀具在 X 轴的正方向与毛坯相切（刀具旋转），按［设置］键，出现如图 2-7 所示界面。按［记录Ⅰ］键，抬刀后再使刀具移动到 X 轴的负方向与毛坯相切，再按［记录Ⅱ］键，再按［分中］键，则系统自动计算中心坐标，并将其写入 G54 中。

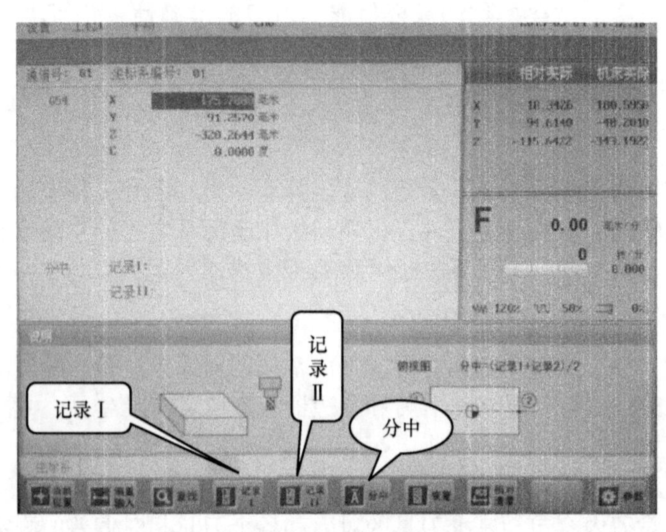

图 2-7　G54 设置界面

3）用上、下移动键使光标蓝条移至 Y 坐标行，以同样的方法对 Y 轴预置中心坐标。

4）用上、下移动键使光标蓝条移至 Z 坐标行，在对刀部位用油粘贴一薄纸片，移动刀具使刀具接近毛坯上表面，在增量模式下，用手轮使旋转的刀具接触纸片，当带动纸片一起转动时，按［当前位置］按键，则毛坯上表面 Z 坐标预置到 G54 中。Z 轴对刀界面如图 2-8 所示。

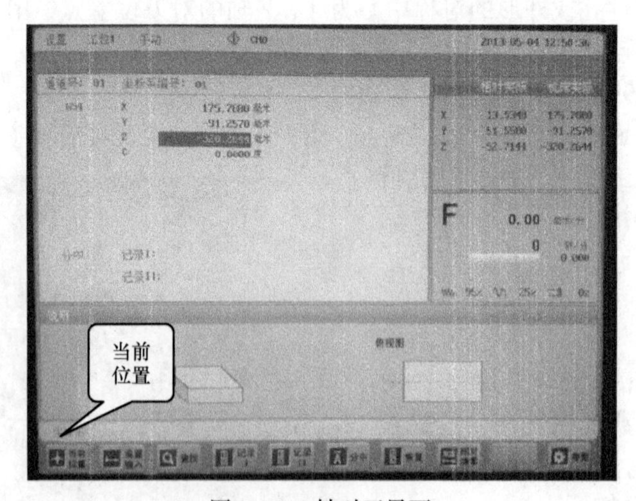

图 2-8　Z 轴对刀界面

四、编程及加工实例

编写如图 2-9 所示平面轮廓零件的加工程序。该零件的毛坯为 210mm×60mm×5mm 的板料，板料已加工好两个 ϕ10mm 的孔，一次粗加工和一次精加工铣削成图 2-9 中粗实线所示的外形，精加工余量为 1mm。

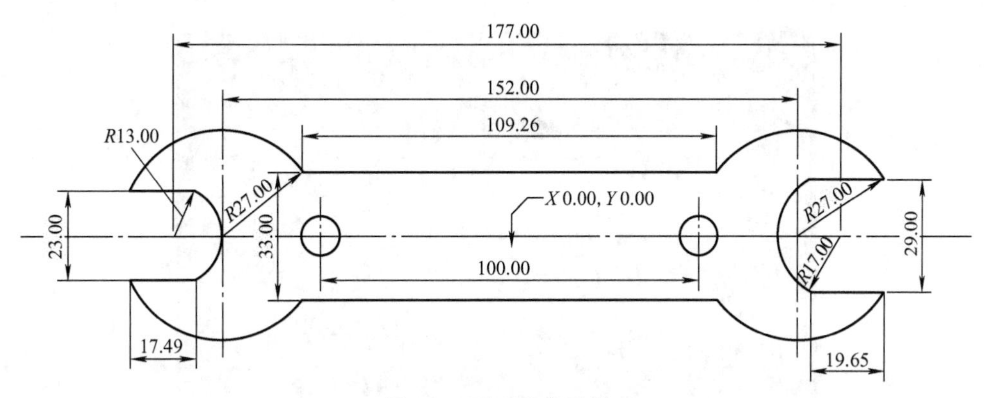

图 2-9　平面轮廓零件

1. 工艺分析

根据所给的毛坯尺寸，以已加工完成的两个 ϕ10mm 的孔进行装夹，采用 T 形螺栓及压板将工件压紧在工作台平面。如图 2-10 所示，以工件中心点 *O* 为原点建立工件坐标系，*Z* 方向对刀点为毛坯上平面，对刀点 *O* 在工件坐标系中的位置为 *O*(0，0，0)。轮廓加工选用 ϕ10mm 立铣刀，刀具从 *A* 点切入，加工过程中的安全高度为 40mm，走刀路线为：*O*→*N*→*A*→*B*→*C*→*D*→*E*→*F*→*G*→*H*→*I*→*J*→*K*→*L*→*M*→*N*→提刀→*O*。

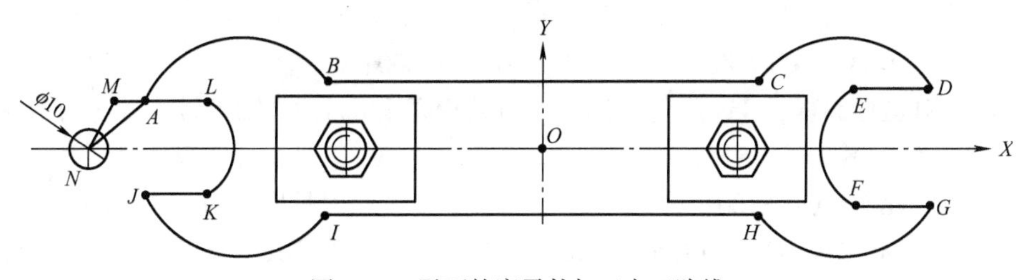

图 2-10　平面轮廓零件加工走刀路线

2. 节点计算

分析零件图，进行相关数值计算，计算得到各基点及圆心的 *X*、*Y* 坐标如下：*O*(0，0)，*A*(－100.43，11.5)，*B*(－54.63，16.5)，*C*(54.63，16.5)，*D*(98.78，14.5)，*E*(79.13，14.5)，*F*(79.13，－14.5)，*G*(98.78，－14.5)，*H*(54.63，－16.5)，*I*(－54.63，－16.5)，*J*(－100.43，－11.5)，*K*(－82.94，－11.5)，*L*(－82.94，11.5)，*M*(－110.0，11.5)，*N*(－115.0，0)。

3. 设置刀补值

编程中利用刀具半径补偿功能，通过改变刀偏量，用同样一个程序实现粗、精加工。对于粗加工，刀偏量 D02 = 6mm，对于精加工，刀偏量 D02 = 5mm。刀具半径补偿的设置方法是：在机床控制面板上按［刀补］键，出现如图 2-11 所示刀补表界面，以 2 号刀具半径补偿为例，用上、下移动键使光标蓝条移至 2 号刀位置，再用左、右移动键使光标蓝条移至半径位置，输入 5，按［确认］键。

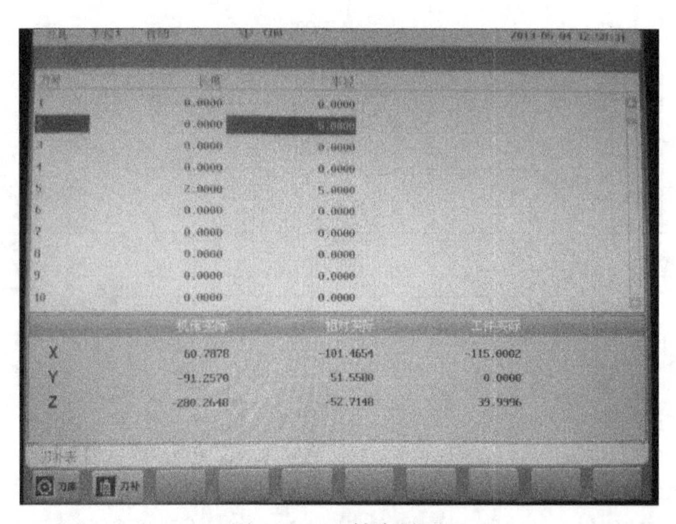

图 2-11 刀补表界面

4. 编程

1）按绝对坐标编程，其参考程序如下：

```
% 1234;
O1000;                                    //程序名
N10  G90  G54  G00  X0  Y0  Z40  M03  S1600;
    //绝对坐标编程，G54 工件坐标系，刀具抬高 40mm，主轴正转，转速为 1600r/min
N15  X-115.0;                             //刀具快速移至 N 点
N20  G01  Z-5.0  F100;                    //刀具以下刀速率 100mm/min 下刀
N25  G41  X-100.43  Y11.5  F150  D02;     //以 D02 中的数值建立左刀补
N30  G02  X-54.63  Y16.5  R27;            //铣圆弧 AB
N35  G01  X54.63;                         //铣直线 BC
N40  G02  X98.78  Y14.5  R27;             //铣圆弧 CD
N45  G01  X79.13;                         //铣直线 DE
N50  G03  X79.13  Y-14.5  R17;            //铣圆弧 EF
N55  G01  X98.78;                         //铣直线 FG
N60  G02  X54.63  Y-16.5  R27;            //铣圆弧 GH
N65  G01  X-54.63;                        //铣直线 HI
N70  G02  X-100.43  Y-11.5  R27;          //铣圆弧 IJ
```

```
N75   G01   X-82.94;                          //铣直线 JK
N80   G03   X-82.94   Y11.5   R13;            //铣圆弧 KL
N85   G01   X-110.0;                          //铣直线 LM
N90   G40   G00   X-115.0   Y0;               //撤销刀补，返回 N 点
N95   Z40.0;                                  //提刀到安全位置
N100   M05;                                   //主轴停转
N105   M30;                                   //程序结束
%;
```

2）按相对坐标编程的程序留给读者自行完成。

5. 程序试运行

将编好的程序手工输入到系统内存区，按［程序］→［编辑］→［新建］对应功能键，输入文件名“banshou”，按［Enter］键确认后，就可以编辑新文件，将代码逐行输入并保存。

为了验证程序，确保安全，以高于毛坯上表面 40mm 处为 *Z* 坐标对刀点，用单段方式运行程序，并将画面切换至图形显示画面。具体方法是：按［位置］键，再按［图形］键，通过［1］、［2］、［3］、［4］、［5］、［6］数字键，分别控制显示面，通过［PageUp］、［PageDown］翻页键控制图形显示比例。试运行的图形显示界面如图 2-12 所示。

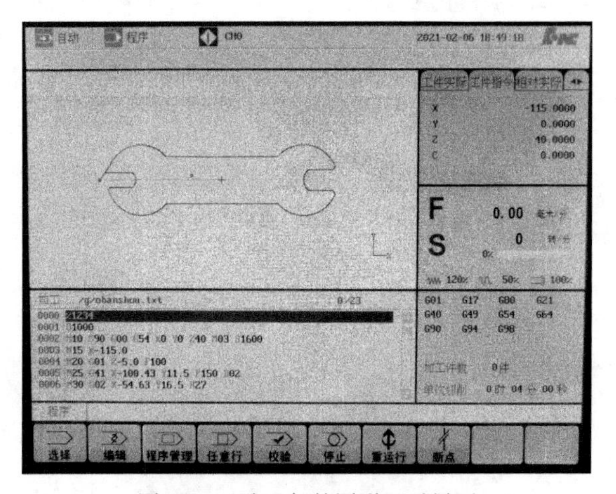

图 2-12　试运行的图形显示界面

五、项目内容及步骤

1）每个小组领取一块规格为 210mm×60mm×5mm、材料为有机玻璃的板材及压板一套，进行毛坯定位装夹。

2）用相对坐标编程方法编写加工程序，并将编好的程序输入数控系统。

3）对程序进行校验及模拟加工。

4）以毛坯对称中心为工件坐标系原点，采用试切法对刀。

5）手动将刀具移动到距毛坯上表面 40mm 处，*Z* 轴锁住，调出图形显示界面，并选取合适比例。

6）运行程序，观察刀具轨迹。对发现的错误进行修改，直至正常运行。

7）解除 *Z* 轴锁住，进行实际加工。

“数控铣床手工编程及加工”项目作业

日期：______年____月____日　　　　　　　　　　　　　指导教师：________

班级：________姓名：________学号：__________成绩：________

一、项目目标

二、项目内容简述

三、标出图 2-13 ~ 图 2-16 机床的坐标系

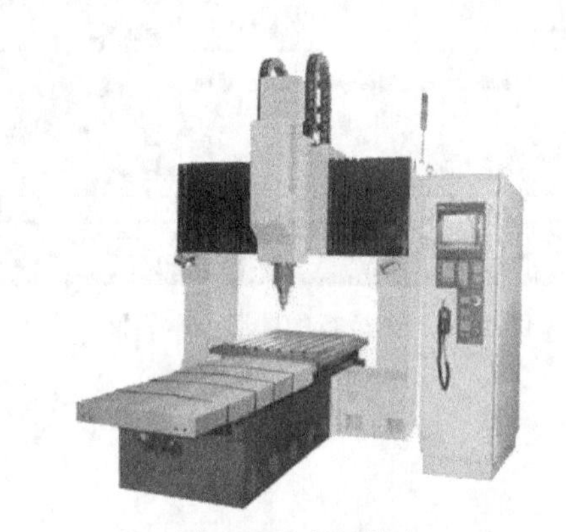

图 2-13　龙门铣床

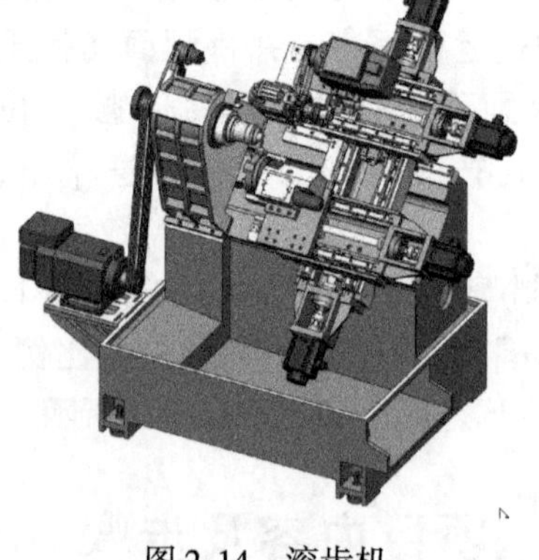

图 2-14　滚齿机

图 2-15　四轴钻铣床

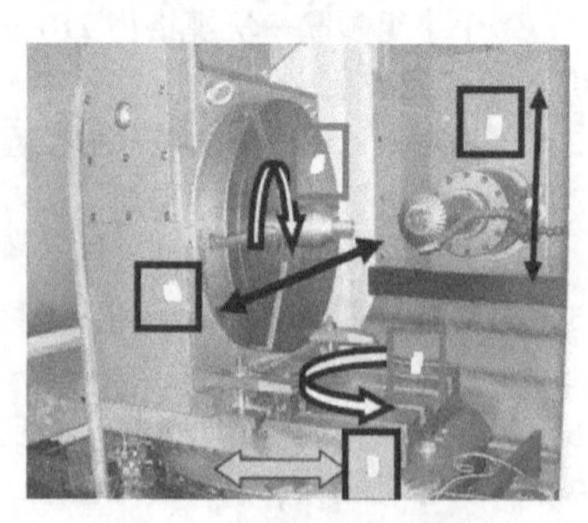

图 2-16　双转台五轴机床

四、对扳手零件用相对坐标编程，并进行注释

五、提供加工时的图形显示画面及加工实物照片（打印后粘贴）

六、回答思考题

1）除在加工程序中控制进给速度外，还可如何控制进给速度？

2）分析加工中出现振动的原因，试述如何避免出现这种情况。

项目三

智能制造产线构建分析与运行

一、项目目标

1）掌握智能制造产线的组成及各部分功能。
2）了解智能制造系统的层级架构。
3）理解叶轮智能制造生产模式及工艺流程。
4）掌握智能产线操作与运行过程。

二、项目原理

（一）信息物理系统

智能制造是指运用信息物理系统（Cyber-Physical System，CPS，也被称作虚拟-实体系统）技术将生产过程中诸如供应链、制造、销售等方面的信息数据化、智能化，从而实现快速、高效、个性化的产品生产。美国国家基金委员会在2006年提出了CPS的概念，并将此项技术体系作为新一代技术革命的突破点。CPS系统是一个在环境感知的基础上，深度融合计算、通信和控制能力的可控、可信、可扩展的网络化物理设备系统。德国提出的工业4.0的核心技术，也是CPS技术在生产系统的应用。

任何产品都可以存在于虚拟和实体两个世界，虚拟世界中代表实体状态和相互关系的模型和运算结果能够更加精确地指导实体的行动，使实体的活动相互协同和优化，实现更加高效、准确和优化的传达。智能制造的核心就是借助新一代信息技术，实现制造物理世界和信息世界的互联互通与智能化操作，能根据当前状态预测对象的发展变化，实时学习得到最优的控制策略，从而取得最佳的生产控制效果。因此，在学习智能制造相关知识及相关实践训练时，要理解制造物理世界与信息世界的交互与共融，将物理空间的实体产品、数字空间的虚拟产品及两者之间的数据和信息对接过程带入到产品制造和运行的全生命周期的各个阶段。

（二）智能制造学科交叉创新实践平台

智能制造学科交叉创新实践平台（图3-1）以微型涡喷发动机核心零部件为载体，实现产品设计、加工制造、智能管理、物流服务等产品全生命周期的运行、监控过程，将智能制造的机器人、数控机床、虚拟仿真、云平台、物联网和信息化管理等技术进行融合，具有无人化智能车间的基本功能和形态。该平台体现了虚拟仿真系统与物理系统的有机融合，虚实结合的理念和技术贯穿了智能制造学科交叉创新平台建设和实践教学的各个环节。

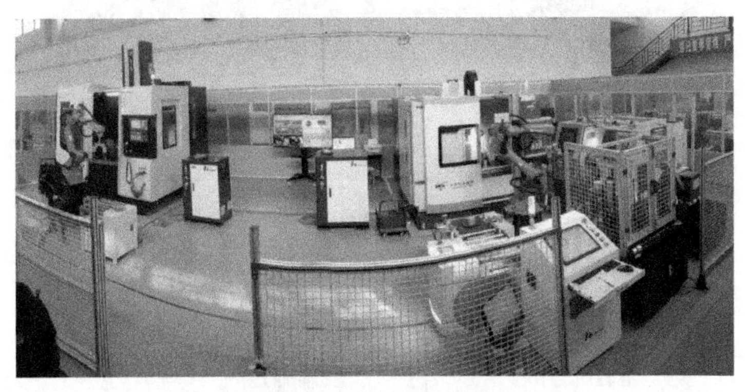

图 3-1　智能制造学科交叉创新实践平台

1. 智能制造物理平台

智能制造学科交叉创新实践平台以国家智能制造系统标准架构为参考，构建了设备层、采集与控制层、管理层和决策层的四层级架构体系（图 3-2）。

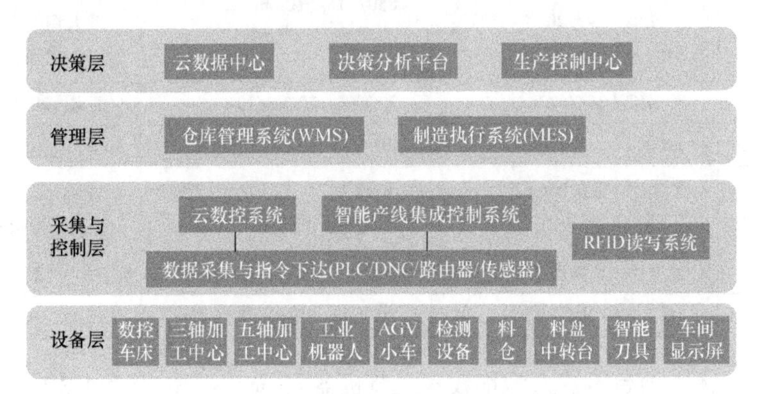

图 3-2　智能制造平台四层次架构体系

（1）设备层　实现智能制造的前提是制造装备的自动化，智能设备层主要包括：五轴加工中心、三轴加工中心、数控车床、六自由度机器人（两台）、八工位自动料仓、AGV 小车、料盘中转台、机器人气动夹具、智能刀具、车间智能终端显示屏等设备。图 3-3 所示为智能制造学科交叉创新实践平台设备布局图。

1）数控机床的性能参数。产线配备一台五轴加工中心，一台三轴加工中心，一台数控车床。三台数控机床的数控系统都是华中数控系统，这有利于设备系统集成与数据的采集。三台数控机床的性能参数见表 3-1。

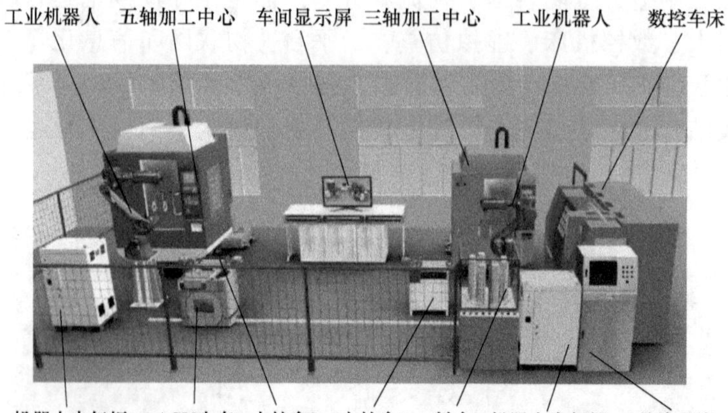

图3-3　智能制造学科交叉创新实践平台设备布局图

表3-1　数控机床的性能参数

性能指标	五轴加工中心	三轴加工中心	数控车床
型号	GL8－V 门型立式	VDL－850A 立式	CL20A 卧式
数控系统	HNC－848	HNC－818B	HNC－818A
各轴行程	X/Y/Z 轴行程： 400/400/400mm A/C 轴行程： －42°～＋120°/－42°～＋360°	X/Y/Z 轴行程： 850/510/510mm	X/Z 轴最大行程：165/500mm 液压尾座最大行程：460mm 最大回转直径：ϕ440mm 最大切削直径：ϕ260mm 最大切削长度：250mm
快移速度/(m/min)	X/Y/Z：36/36/36	X/Y/Z：20/20/20	X/Z：20/24
主轴最高转速/(r/min)	12000	8000	4500
定位精度	X/Y/Z：±0.005mm， A：45″、C：15″	X/Y/Z： 0.025/0.020/0.020mm	X/Z： 0.011/0.011mm
台面最大载重/kg	水平100，倾斜75	600	—
刀库（刀位）	16（伞形刀库）	20把（斗笠式）	8工位

2）工业机器人。两台机器人为华数六关节机器人 HSR－JR620 和 HSR－JR612，末端执行机构为自动气爪夹具。华数六关节机器人的性能参数见表3-2。

表3-2　华数六关节机器人的性能参数

型号	HSR－JR620	HSR－JR612
轴数	6轴	6轴
有效载荷/kg	20	12
重复定位精度/mm	±0.08	±0.06
最大单轴速度	1轴170°/s	1轴148°/s
	2轴165°/s	2轴148°/s
	3轴170°/s	3轴148°/s

（续）

型号	HSR－JR620	HSR－JR612
最大单轴速度	4 轴 360°/s	4 轴 360°/s
	5 轴 360°/s	5 轴 225°/s
	6 轴 600°/s	6 轴 360°/s
最大运动范围	1 轴 ±180°	1 轴 ±170°
	2 轴 +65°/－145°	2 轴 +80°/－165°
	3 轴 +210°/－60°	3 轴 +140°/－85°
	4 轴 ±180°	4 轴 ±180°
	5 轴 ±135°	5 轴 ±120°
	6 轴 ±360°	6 轴 ±360°

3）AGV 小车。AGV 小车用于物料的搬运、转移，是整个车间物料周转流动的载体。AGV 小车按照规划轨迹，能够实现物料的循环搬运，其主要性能参数见表 3-3。

表 3-3　AGV 小车性能参数

速度/(m/min)	0～36	承载方式	背载自动对接滚筒式
导航精度/mm	±10	导轨方式	磁导航
定位精度/mm	自由行走精度 ±10	驱动方式	单驱差速驱动
额定牵引总重量/kg	500	运转方式	无线调度
安全检测	3M 红外测距 + 机械防撞	电池组	铅酸电池 24V/120AH

4）八工位转盘式自动料仓。料仓采用八工位转盘式自动料仓，料仓有八个工位，每个工位可放多个工件，其中一个是物料工位，一个为成品工位。机器人在上料工位抓料，每抓走一个工件，工位自动抬升，使机器人每次抓料都在同一位置；机器人在成品工位放料，每放置一个工件，工位自动下降，使机器人每次放料都在同一位置。当一个工位的工件全部抓取完毕后，料仓自动旋转一个工位，直到毛坯全部加工完毕，系统停止工作。

5）车铣中心工作站中转台、五轴加工中心工作站中转台。两个中转台主要配合机器人在 AGV 小车与车铣中心工作站、五轴加工中心工作站物料和成品的中转，中转台采用背载自动滚筒对接方式，在两个工站分别安装 RFID 数字化采集系统。

（2）采集与控制层

1）智能产线集成控制系统。采集与控制层主要负责产线设备数据采集（各个设备状态、I/O 状态、生产数据等）、状态显示、设备监控、RFID 读写控制、检测设备检测交互等，为管理层的 MES 和 WMS 提供准确、及时的生产完工信息。PLC 负责整个产线各设备的逻辑动作控制，包括机器人与数控机床、料仓、AGV 小车等生产协调的控制。网络通信模块主要负责将离散的 CNC、PLC、检测设备等进行组网，实现产线控制与设备之间的集中控制与网络化管理。图 3-4 所示为智能制造平台网络架构。

2）云数控系统。云数控系统是运用物联网、大数据、云数控等关键技术，围绕数控机床加工效率和质量的提升以及机床的智能化、信息化的车间管理系统，用于采集数控系统的位置、电流、温度、力矩、振动、跟随误差、声音、图形、视频等大数据。数控云服务器通

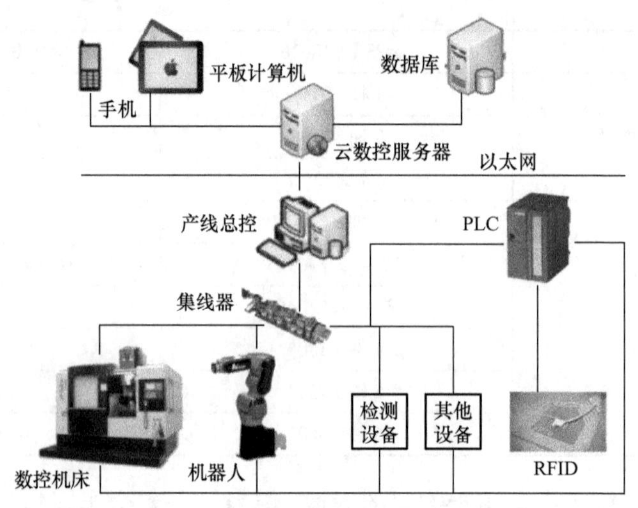

图 3-4　智能制造平台网络架构

过分布式存储管理大数据，分析特征提取等智能算法，深度挖掘数控机床的能力，提高数控机床的管理效率、加工效率和加工质量，并保障机床的健康工作。图 3-5 所示为华中云数控系统功能示意图。

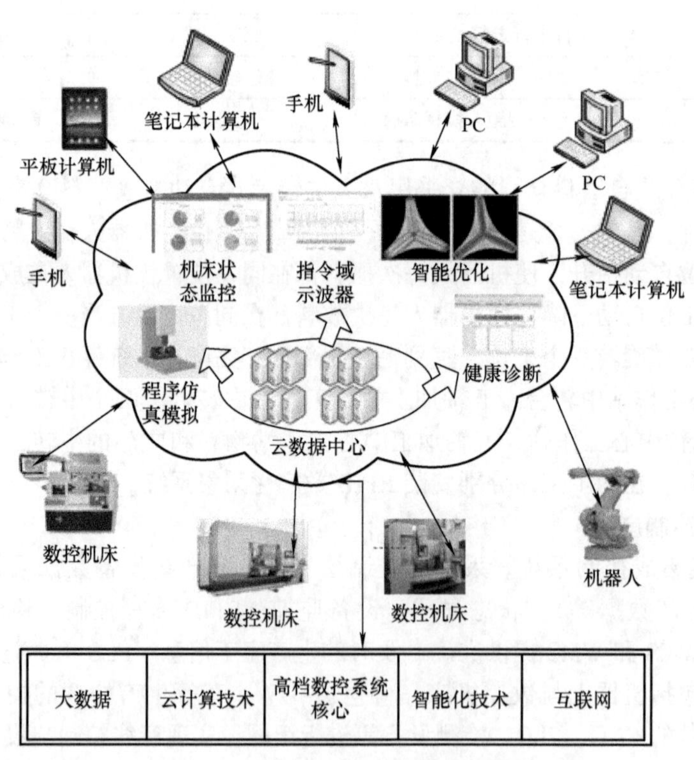

图 3-5　华中云数控系统功能示意图

3）RFID 读写系统。RFID 读写系统主要包括 RFID 读写器、读写磁头、电子标签，通过 RFID 读写器读取物料、零件、刀具的电子标签，并对物料、零件、刀具进行标记，实现实时监控。平台的 RFID 读写系统分别安装在料仓、车铣中心中转台 1、五轴加工中心中转台 2 及刀柄处。高效的数据采集系统能有效地提升 MES 和 WMS 数据的准确性。

(3) 管理层

1) 制造执行系统。制造执行系统 (Manufacturing Execution System, MES) 是面向制造企业车间执行层生产过程的信息化管理系统，在生产制造系统中起着承上启下、提高企业运作效率和管理水平的作用。产线 MES 功能模块如图 3-6 所示，主要包含基础数据管理、BOM 管理、计划管理、现场管理、质量管理、决策管理、数据采集及接口开发管理、集成应用管理等。MES 与 DNC/MDC 系统集成，采用双向数据流，MES 将任务计划、程序、刀具、设备准备情况传给 DNC 系统，编程人员编完程序后，进行任务完工确认，同时把准备情况反馈给 MES。MDC 系统采集机床运行信息后实时添加到 MES 中的相关数据库，MES 提供对设备实时运行状态和历史运行数据的显示，MDC 可以访问 MES 中生产作业计划的产品信息，其信息传递过程如图 3-7 所示。

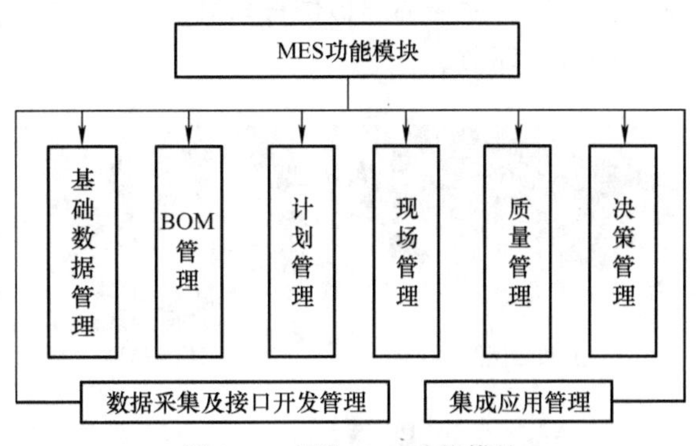

图 3-6　产线 MES 功能模块

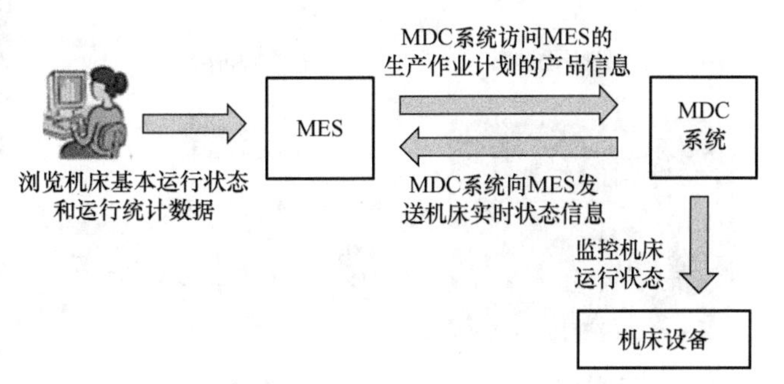

图 3-7　信息传递过程

2) 仓库管理系统。仓库管理系统 (Warehouse Management System, WMS) 是对车间产品批次管理、物料对应、库存盘点、质检管理、虚仓管理和即时库存管理等功能综合运用的管理系统，能有效控制并跟踪仓库业务的物流和成本管理全过程，实现或完善企业仓储信息管理。为了提高客户的办公效率，MES 可与 WMS 进行集成。实现 MES 和 WMS 的数据连接，WMS 能够接收 MES 下达的物资生产准备指令，生成任务准备提醒，进而加快对物料准备状态反馈及物料配送流程的处理，处理完成后反馈状态结果给 MES。图 3-8 所示为该平台的 WMS 功能结构图。

(4) 决策层　通过云数据中心的大数据分析、计算等技术，辅助管理者从海量的数据中寻找出隐藏其间的关系和规律，为管理和控制提供即时决策的依据。可以通过手机、平板计算机等移动终端实现远程监控、远程管理。

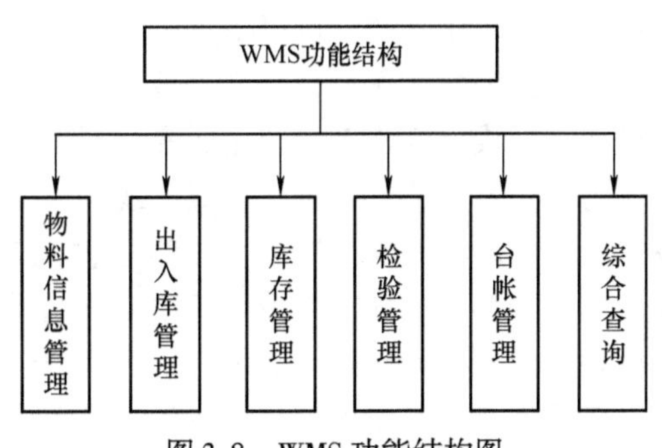

图 3-8　WMS 功能结构图

2. 虚拟仿真系统

智能产线的台套数有限，同时，多学科交叉的智能制造专业知识加大了学生学习的难度，如果能将虚拟仿真技术应用于智能制造各环节，利用虚拟仿真技术，构建虚拟的条件与场景、逼真的操作对象、灵活多样的互动环节及学习内容，则会大大提高实践教学效果，有效拓宽实践平台的承载能力。虚拟仿真系统是智能制造系统不可缺少的组成部分。图 3-9 所示为平台已开发、使用的虚拟仿真系统。这些虚拟仿真系统贯穿了产品设计、生产、管理与运维阶段的各个环节。

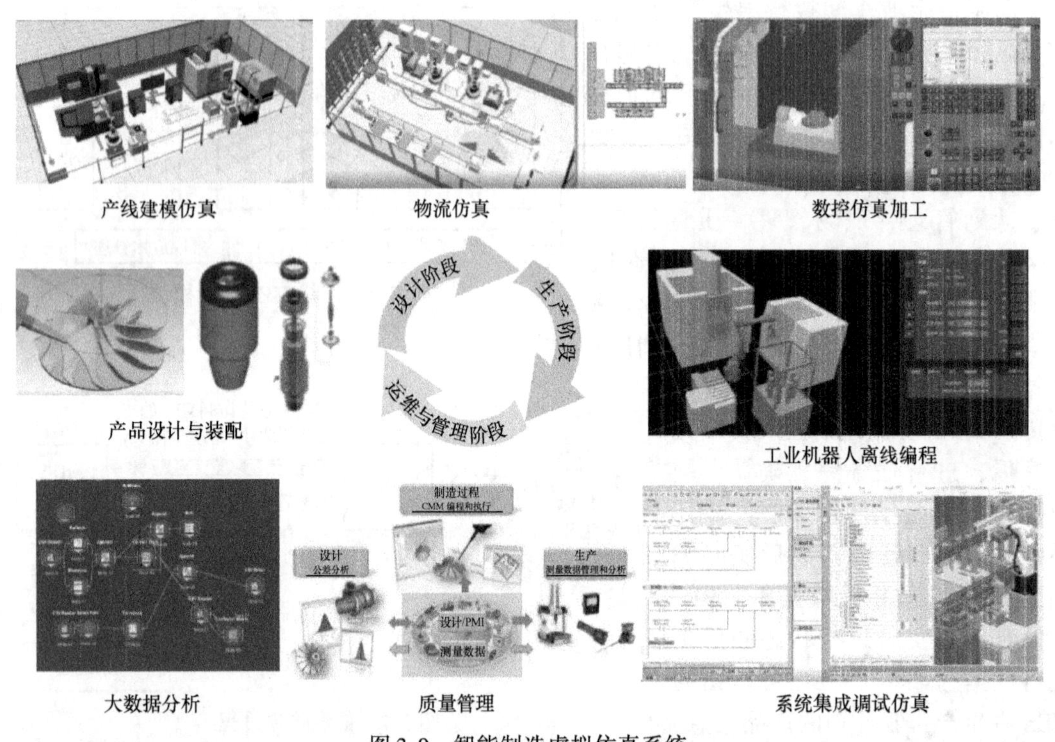

图 3-9　智能制造虚拟仿真系统

在产品设计阶段，引入了 UG、Mastercam 等 CAD 和 CAM 软件，用于完成零件的三维模型设计与加工仿真。应用西门子 Process Simulation 软件在产品开发的早期仿真装配过程，验证产品的工艺性和动态分析装配干涉情况，获得完善的制造规划。利用 Plant Simulation 软件对要投建、改建的工厂和生产线进行建模、仿真，分析和优化生产布局、资源利用率、瓶颈、产能、效率、物流和供需链等。

在生产阶段，通过 Mastercam 软件导出的 NC 程序在斯沃数控仿真软件中完成零件的仿真加工。数控仿真软件可以仿真机床的各种操作及加工过程，且能提供多种数控系统、机床模型和刀具型号的选择，真实再现了零件加工过程。仿真加工无误后，可以将程序传输到实体机床，完成零件加工。应用西安交通大学自主开发的工业机器人离线编程软件，可以线上操作仿真机器人，进行基于智能产线的机器人作业轨迹的离线编程，提高机器人编程质量和效率。利用犀浦智能产线数字孪生软件及 TIA 博途软件对智能产线设备、系统进行虚拟组态、集成和调试。先在虚拟环境中调试自动化控制逻辑和 PLC 代码，然后再将其下载到真实设备，验证自动化产线的组态、控制及运行过程。

在管理与运维阶段，利用西门子 PLM 软件提供的三维公差仿真分析技术（VA）及高精度坐标测量机（CMM）自动编程、执行和生产过程中的尺寸测量规划与验证技术（DPV），有效地管理和跟踪了产品全生命周期质量控制过程中的各项信息。利用 TTSS、GenPro 等软件采集数控机床的位置、电流、力矩、跟随误差等数据，对其进行有效挖掘，发现其规律，提高数控机床的管理效率、加工效率和加工质量，同时可以通过这些数据快速构建预测模型，提前对安全问题进行预警。

（三）微型涡喷发动机核心零件智能生产过程

离心式叶轮是微型涡喷发动机的核心部件，其曲面造型复杂，设计、加工难度大，是最具有代表性的复杂零件。该智能制造学科交叉创新实践平台以离心式叶轮的智能生产为例，便于学生掌握智能产线的智能生产过程。

1. 微型涡喷发动机典型结构与工作原理

微型涡喷发动机具有重量轻、功率大、能量密度高的优点，在军、民领域都有广泛的应用前景。图 3-10 所示为微型涡喷发动机的典型结构与装配图。

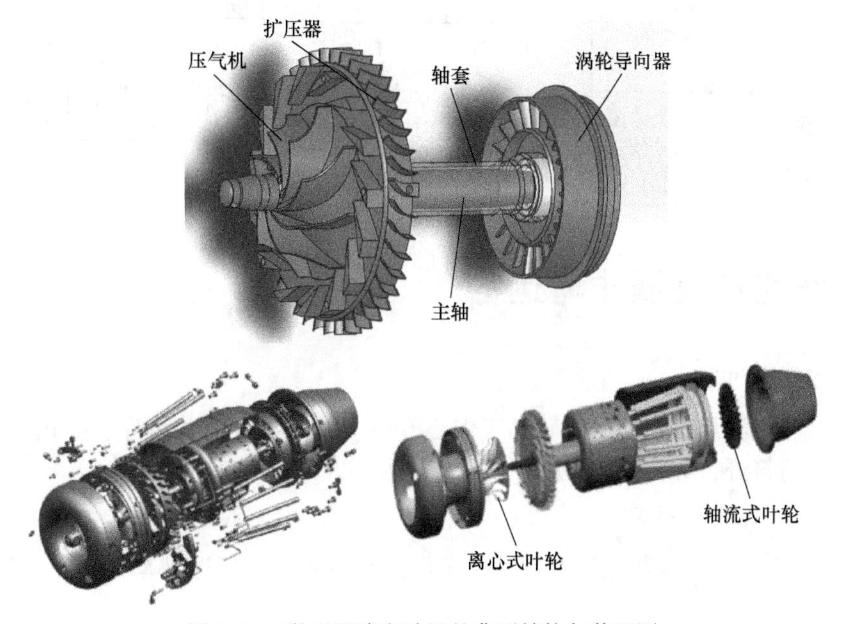

图 3-10　微型涡喷发动机的典型结构与装配图

典型的微型涡喷发动机的主要组成部分包括：前导流罩、离心式扩压叶轮、前扩压器、压气机燃烧室、火花塞、涡轮导向器、轴流式涡轮、尾喷管、主轴、轴承、轴套、油管等。其基本工作原理为：压气机叶轮旋转，吸入空气，然后将其压缩，使空气压力升高。空气经过扩压器后压力进一步升高，改变方向，流入燃烧室内，喷入的燃料与空气混合后剧烈燃烧，燃烧后高温高压的烟气具有很大的做功能力。烟气流过导流器，冲击涡轮做功，涡轮通过轴传动带动压气机叶轮转动。烟气释放出推动压气机叶轮所需的能量，剩余的能量使烟气增加至很高的速度，速度方向沿轴向与飞行方向相反。根据能量守恒定律，微型涡喷发动机获得与排气方向相反的推动力，从而推动飞机飞行。

2. 叶轮智能生产工艺流程

图 3-11 所示为叶轮智能生产工艺流程图。

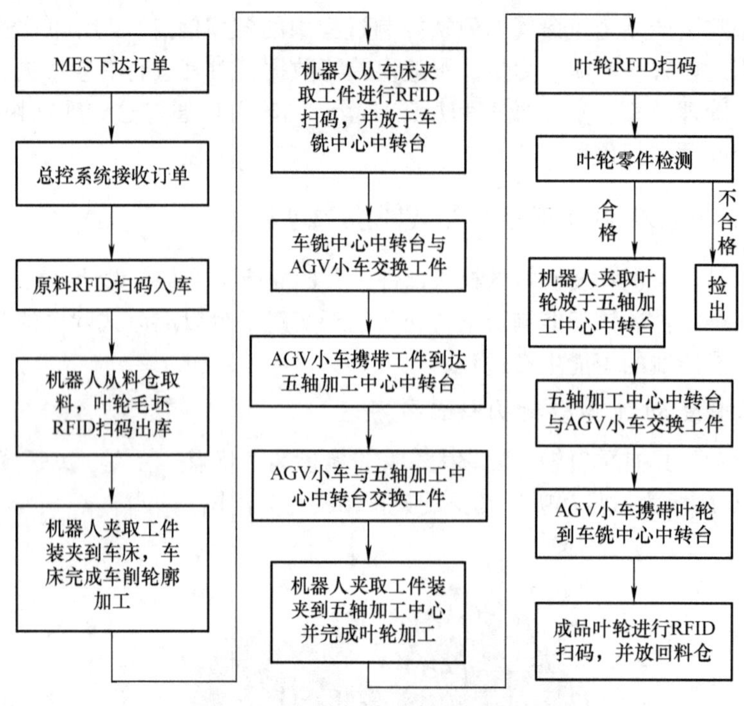

图 3-11 叶轮智能生产工艺流程图

三、智能产线操作与运行

1. 机床准备过程

数控车床、三轴加工中心、五轴加工中心开机，调用数控加工程序，并运行一次程序，数控机床防护门打开，等待总控指令。

2. AGV 小车准备过程

打开 AGV 小车，观察蓄电池电量是否充足，向前运行后回退到车铣中心工作站中转台工位，等待总控指令。

3. 料仓准备过程

开机，急停开关旋起，在手动运行方式下将上料托盘和卸料托盘下降到 0 位置，转动一次工位。等待物料扫码入库。

4. 工业机器人准备过程

伺服上电、开机、急停开关旋起，HSR－JR612 机器人调用程序 Main2，HSR－JR620 机器人调用程序 Main1。在自动运行方式下，单击［程序运行］键，机器人等待总控指令。

5. MES 派工

打开 MES，以管理者身份进入，在派工系统进行订单下发。

6. 总控系统准备与运行

1）总控系统上电，开机，急停开关旋起。

2）登录产线总控系统，其主界面如图 3-12 所示。

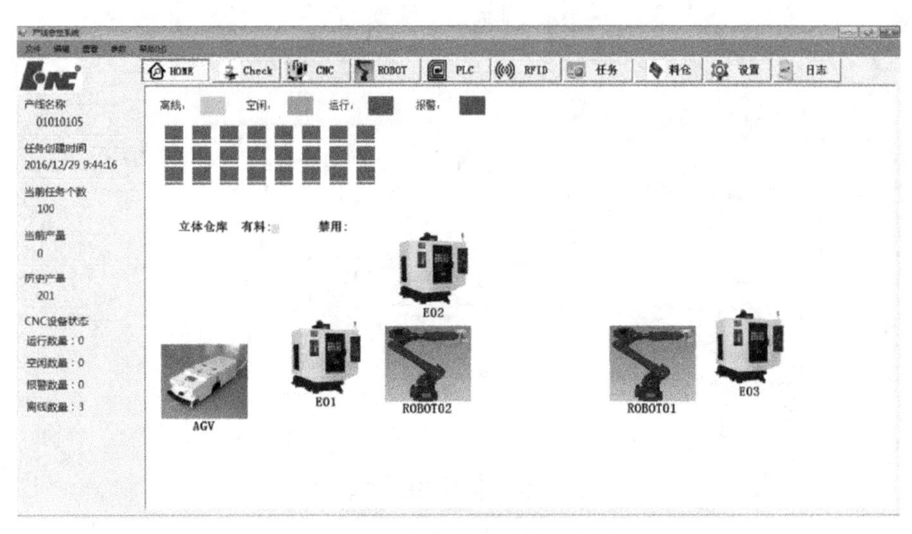

图 3-12　［产线总控系统］主界面

3）进入［设置］菜单栏，以［管理员］身份登录系统，如图 3-13 所示。

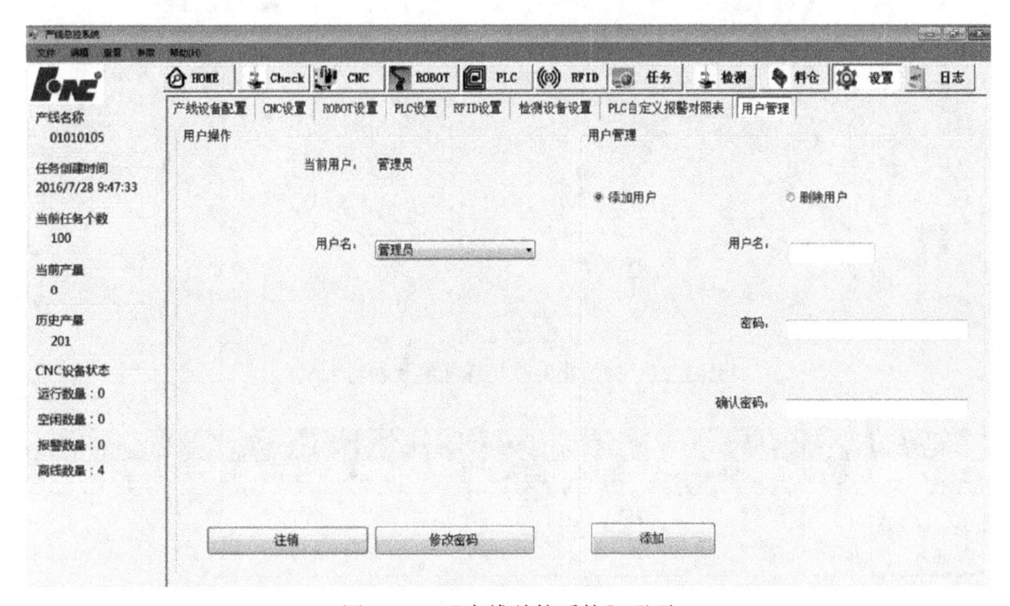

图 3-13　［产线总控系统］登录

4）进入［任务］菜单栏，对 MES 的工单进行接收（图 3-14）。

5）进入［PLC］菜单栏，选择料仓（图 3-15），叶轮毛坯底部安装有 RFID 芯片，将芯片对准料仓上的 RFID 读数头，单击［初始化标签］，待“红黄绿”三色灯变绿，扫码过程完成，物料入库。根据订单需求，各工位按逆时针方向依次放置三块叶轮毛坯。

6）每个物料扫码入库之后，要在 WMS 中进行“物料入库”，如图 3-16 所示。

7）将料仓设置为自动方式，上料托盘和卸料托盘上升到相应位置，等待总控指令。

8）总控系统设置为自动运行方式，单击［运行］键，产线系统开始运行。

图 3-14 接收 MES 工单

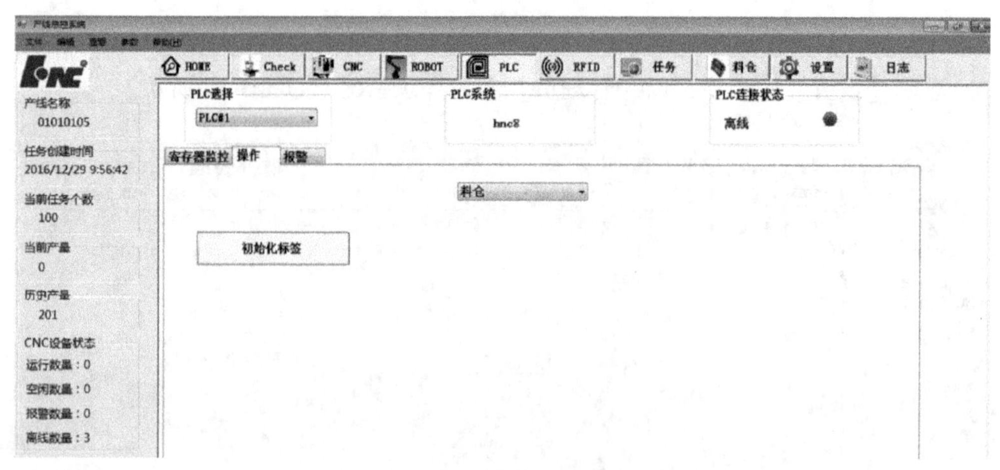

图 3-15 初始化叶轮毛坯标签及物料入库

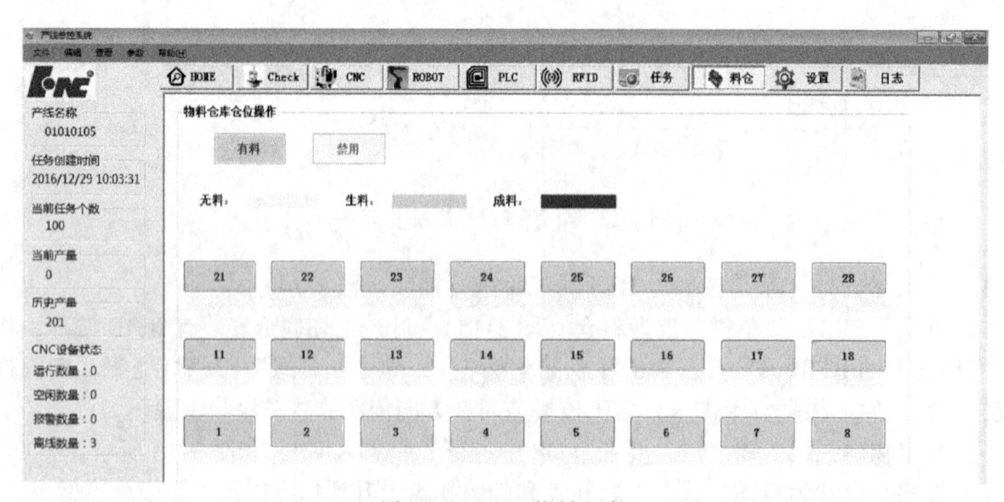

图 3-16 WMS 物料入库

四、智能产线机器人编程实例

以叶轮零件为加工对象，编写 HSR - JR620 机器人、HSR - JR612 机器人程序。

1. HSR - JR620 机器人编程实例

机器人编程采用功能分解、模块化调用的方式，HSR - JR620 机器人的主程序为 Main1。通过编写八个子程序，机器人能够分别实现八个动作功能：机器人从八工位料仓取料、机器人从料仓处 RFID 读数操作、机器人从料仓取料到车床上料、机器人在车床换料、机器人在铣床换料、机器人在车铣中心中转台的 RFID 读数操作、机器人在八工位料仓卸料、机器人到车铣中心中转台放料。主程序则是对命令信号进行逻辑处理，调用相应的子程序执行。机器人 HSR - JR620 主程序 Main1 如下所示：

```
1：R[1]=0                                  //设置标记位
2：CALLcsh 1                               //调用初始化子程序
3：LBL[1]                                  //跳转标记位 1
4：Y[01,5]=OFF                             //手爪 180°气缸状态设置
5：Y[01,6]=ON
6：WAIT X[1,5]=ON                          //手爪 0°到位
7：J P[1] 100% FINE
8：LBL[2]
9：WAIT X[2,0]=ON                          //等待#1料仓取料命令
10：CALL liaocangquliao 1                  //料仓取料子程序
11：WAIT X[2,2]=ON                         //等待#1初始化 RFID 命令
12：CALLchushihuaRFID 1                    //初始化 RFID 子程序
13：LBL[3]                                 //跳转标记位 3
14：IF X[2,1]=ON,CALL liaocangxieliao 1    //如果有卸料命令,则调用料仓卸料
                                           //子程序
15：IF X[2,0]=ON,JMP LBL[2]                //如果有取料命令,则跳转到标记位 2
16：IF X[2,3]=OFF,JMP LBL[3]               //如果有车床门外等待命令,则跳转
                                           //到标记位 3
17：WAIT X[2,3]=ON                         //等待车床门外等待命令
18：Y[02,2]=OFF                            //告诉总控 PLC,#1初始化 RFID 完成
19：L P[2] 100mm/sec FINE
20：J P[1] 100% FINE
21：Y[02,3]=ON                             //告诉总控 PLC,#1车床门外等待完成
22：WAIT X[2,4]=ON                         //等待#1车床换料命令
23：Y[02,3]=OFF                            //清除#1车床门外等待完成
24：IF X[2,4]=ON AND X[3,3]=ON,CALL chechuangfangliao 1
                         //判断总控#1车床换料命令和车床卡盘松开,调用车床放料子程序
```

```
25：IF X[2,4] = ON AND X[3,2] = ON,CALL chechuanghuanliao 1
                    //判断总控#1车床换料命令和车床卡盘夹紧,调用车床换料子程序
26：J P[1] 100% FINE
27：WAIT X[2,5] = ON                    //等待#1铣床门外等待命令
28：J P[3] 100% FINE
29：Y[01,6] = OFF
30：Y[01,5] = ON
31：WAIT X[1,4] = ON
32：Y[02,5] = ON                        //#1铣床门外等待完成
33：WAIT X[2,6] = ON                    //等待#1铣床换料命令
34：Y[02,5] = OFF                       //清除#1铣床门外等待完成
35：CALL xichuanghuanliao 1             //调用铣床换料子程序
36：Y[01,5] = OFF
37：Y[01,6] = ON
38：WAIT X[1,5] = ON
39：J P[4] 100% FINE
40：WAIT X[2,7] = ON                    //等待#1中转台 1 写 RFID 命令
41：CALL xiaocheRFID 1                  //调用中转台 1 写 RFID 子程序
42：WAIT X[2,1] = ON                    //等待#1料仓卸料命令
43：Y[02,7] = OFF                       //清除#1中转台 1 写 RFID 完成
44：L P[5] 100mm/sec FINE
45：J P[6] 100% FINE
46：WAIT X[2,1] = ON                    //等待#1料仓卸料命令
47：CALL liaocangfangliao 1             //调用料仓放料子程序
48：J P[7] 100% FINE
49：WAIT X[3,0] = ON                    //等待#1放工件到中转台 1 命令
50：CALL xiaochehuanliao 1              //调用小车换料子程序
51：J P[7] 100% FINE
52：J P[1] 100% FINE
53：JMP LBL[1]
54：END
```

2. HSR－JR612 机器人主程序编程实例

该程序也是对命令信号进行逻辑处理，通过调用相应的子程序完成作业轨迹。五个子程序如下：机器人从中转台取料、机器人到五轴加工中心换料、机器人在中转台 RFID 扫码、机器人在检测工位等待检测、机器人在中转台放料。HSR－JR612 机器人主程序 Main2 如下所示：

```
1：LBL[1]                               //跳转标记 1
2：J P[1] 100% FINE
3：WAIT X[2,0] = ON                     //等待#2中转台 2 取料命令
```

```
4：CALL xiaochequ 1                      //调用中转台 2 取料子程序
5：WAIT X[2,1] = ON                      //等待#2五轴门外等待命令
6：J P[2] 100% FINE
7：Y[2,1] = ON                           //#2五轴门外等待完成
8：WAIT X[2,2] = ON                      //等待#2五轴换料命令
9：J P[3] 100% FINE
10：WAIT X[2,2] = ON                     //等待#2五轴换料命令
11：Y[2,1] = OFF                         //清除#2五轴门外等待完成
12：CALL wuzhouhuanliao 1                //调用五轴换料子程序
13：J P[5] 100% FINE
14：J P[6] 100% FINE
15：WAIT X[2,3] = ON                     //等待#2到中转台 2 写 RFID 命令
16：CALL xiaocheRFID 1                   //调用中转台 2 写 RFID 子程序
17：WAIT X[2,4] = ON                     //等待#2到中转台 2 放工件命令
18：L P[7] 100mm/sec FINE
19：J P[8] 100% FINE
20：J P[9] 100% FINE
21：WAIT X[2,4] = ON                     //等待#2到中转台 2 放工件命令
22：CALL xiaochefang 1                   //调用中转台 2 放工件子程序
23：JMP LBL[1]
24：END
```

五、项目内容

1）认识智能产线的组成及层级架构，掌握各智能设备在产线中的作用及运行过程。

2）学习数控机床、工业机器人基于智能产线的基本操作。

3）学习智能产线的操作，小组合作完成产线运行与控制。

“智能制造产线构建分析与运行”项目作业

日期：______年___月____日　　　　　　　　　　指导教师：________

班级：________姓名：________学号：__________成绩：________

一、项目目标

二、项目内容

三、以微型涡喷发动机的某一典型零件为例，设计零件智能生产的工艺流程

四、参照五轴加工中心工作站控制流程图（图3-17），设计车铣中心工作站控制流程图

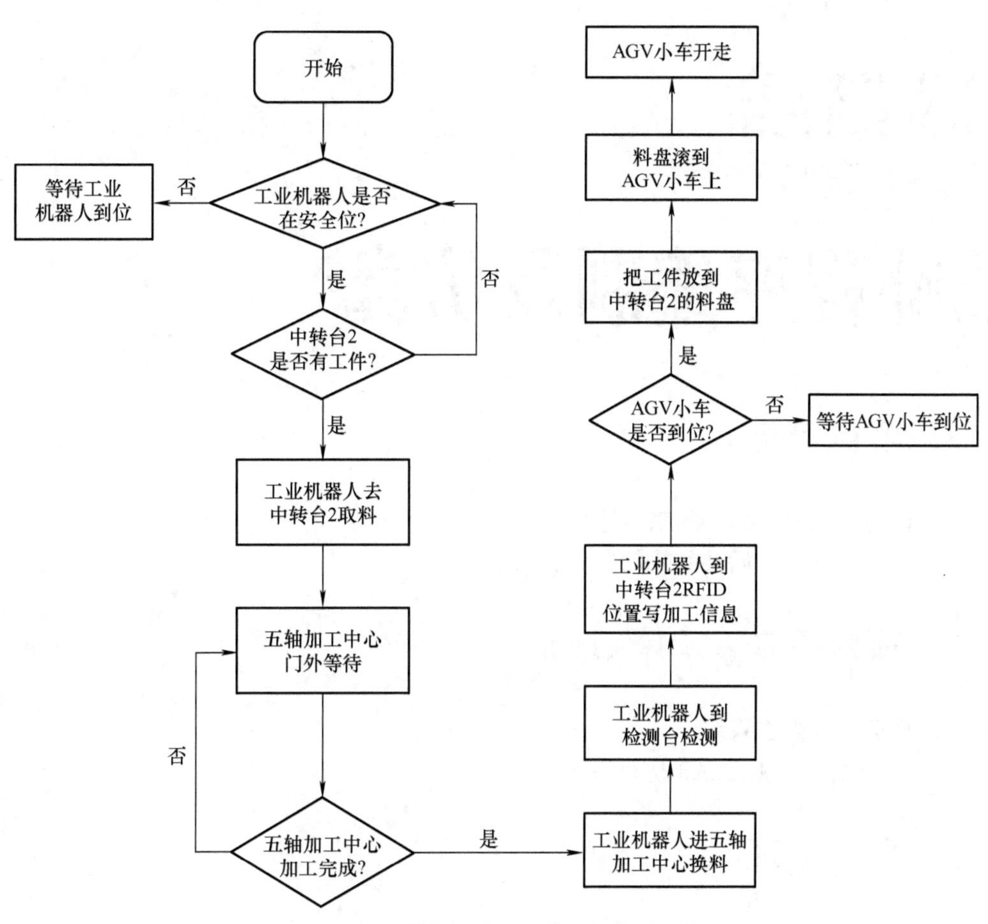

图 3-17　五轴加工中心工作站控制流程图

五、项目心得体会

项目四

插补程序编制及仿真

一、项目目标

1）掌握逐点比较法插补的基本原理。
2）掌握逐点比较法插补的软件实现方法。

二、项目设备

1）计算机及其操作系统。
2）C 语言软件和 MATLAB 仿真系统。

三、项目原理

数控加工过程中，加工程序通常只给出基本廓形曲线的特征点，如直线、圆弧等的起点、终点和圆心坐标等，数控系统要按照给定的合成进给速度，并用一定方法确定廓形曲线中间点，由此确定每一步进给轴运动量和每一步刀具相对工件的运动轨迹，进而生成基本廓形曲线，该过程即为插补过程。“插补”的实质是数控系统根据零件轮廓线型的有限信息(如直线的起点、终点，圆弧的起点、终点和圆心等)，在轮廓的已知点之间确定一些中间点，完成所谓的“数据密化”工作。

本项目主要介绍逐点比较法插补的基本原理、过程及实现方法。如图 4-1 所示，逐点比较法的插补包括四个工作节拍：偏差判别、坐标进给、偏差计算和终点判别。

（一）直线插补原理

对于第一象限直线 OA，其起点为坐标原点 $O(0, 0)$，终点坐标为 $A(X_e, Y_e)$，动点 $P(X_i, Y_i)$ 为当前加工点。设偏差函数为

$$F_i = X_e Y_i - Y_e X_i$$

如图 4-2 所示，动点 P 与直线 OA 的位置关系有以下三种情况：

1）点在直线 OA 上，$F_i = 0$。
2）点在直线 OA 上方区域，$F_i > 0$。
3）点在直线 OA 下方区域，$F_i < 0$。

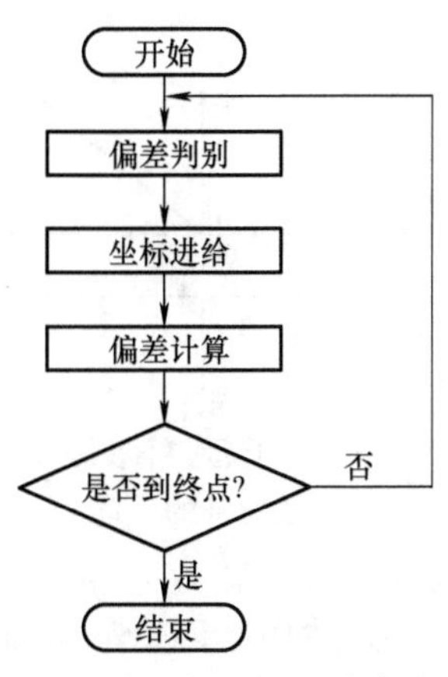

图 4-1　逐点比较法插补直线流程图

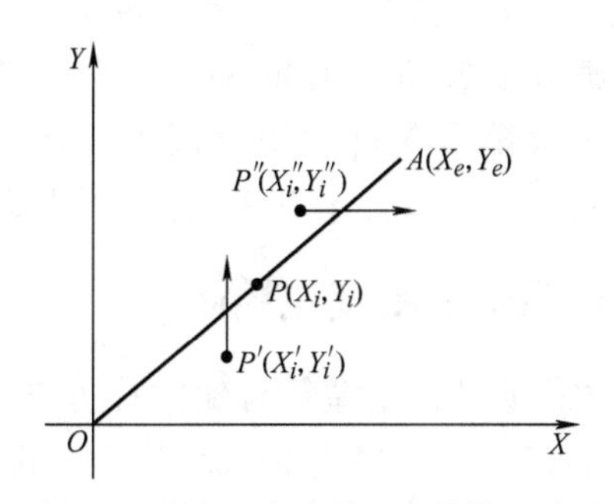

图 4-2　动点 P 与直线 OA 的位置关系

1. 坐标进给及新偏差计算

1）$F_i \geqslant 0$ 时，向 X 正方向进给，新的偏差判别公式为 $F_{i+1}=F_i-Y_e$。

2）$F_i<0$ 时，向 Y 正方向进给，新的偏差判别公式为 $F_{i+1}=F_i+X_e$。

2. 终点判别

（1）加法计数　确定完成整个插补需要的总步数 $N=X_e+Y_e$，设置插补计数器初值为 0，无论 X 轴还是 Y 轴，每进给一步，插补计数器加 1，判断当前累加的插补步数是否等于设定的总步数 N，若是，则已插补到终点，插补结束。

（2）减法计数　确定完成整个插补需要的总步数 $N=X_e+Y_e$，设置插补计数器初值为 N，无论 X 轴还是 Y 轴，每进给一步，插补计数器减 1，判断当前累加的插补步数是否为 0，若是，则已插补到终点，插补结束。

（3）分别计数　给 X 轴、Y 轴分别设置插补计数器 N_x 和 N_y，设初值 $N_x=X_e$，$N_y=Y_e$，X 轴每进给一步，N_x 减一，Y 轴每进给一步，N_y 减一，直到 N_x、N_y 均为 0，插补结束，如图 4-3 所示。

在第一象限中，起点为原点的直线插补工作流程如图 4-4 所示。

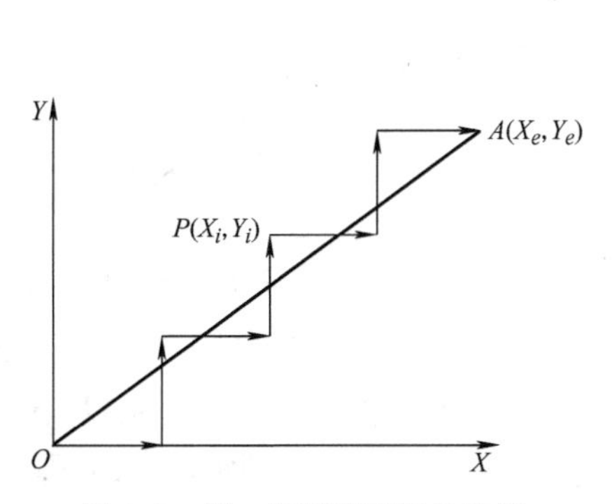

图 4-3　第一象限直线插补轨迹

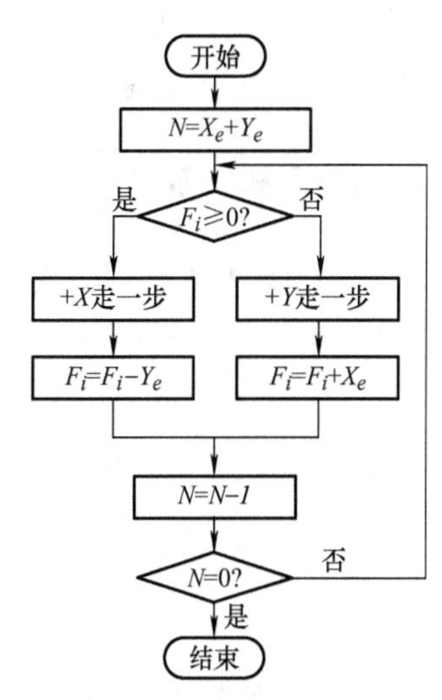

图 4-4　第一象限起点为原点的直线插补工作流程

对于起点在第一象限的任意位置的直线，如起点为 $A(x_a, y_a)$、终点为 $B(x_b, y_b)$ 直线，其中 $x_a \leqslant x_b$，$y_a \leqslant y_b$，可通过坐标平移的方式，将其转换到以 A 为原点的坐标系中，则对于在 XOY 坐标系中对直线 AB 的插补，就转换为在新的坐标系 $X'O'Y'$ 中对直线 $O'E'$ 进行插补，其中 $O'(0, 0)$，$E'(x_b - x_a, y_b - y_a)$，如图 4-5 所示。

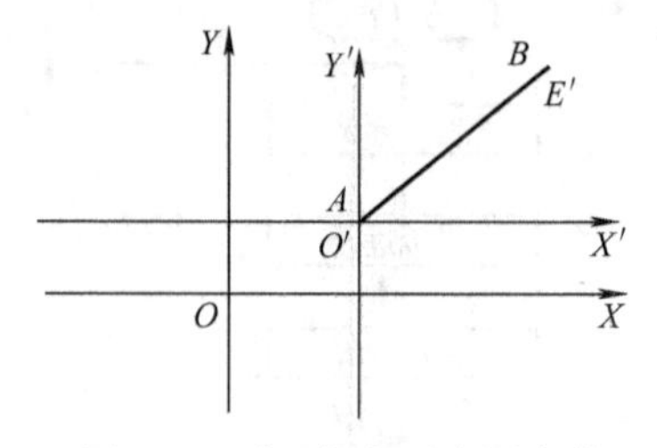

图 4-5　对于起点不在原点的直线插补的处理

（二）四个象限直线插补

四个象限直线的偏差符号和插补进给方向如图 4-6 所示，用 $L1$、$L2$、$L3$、$L4$ 分别表示第Ⅰ、Ⅱ、Ⅲ、Ⅳ象限的直线。为适用于四个象限直线插补，插补运算时用 $|X|$ 和 $|Y|$ 分别代替 X 和 Y，偏差符号确定可将其转化到第一象限，动点与直线的位置关系按第一象限判别方式进行判别。四个象限直线插补工作流程如图 4-7 所示。

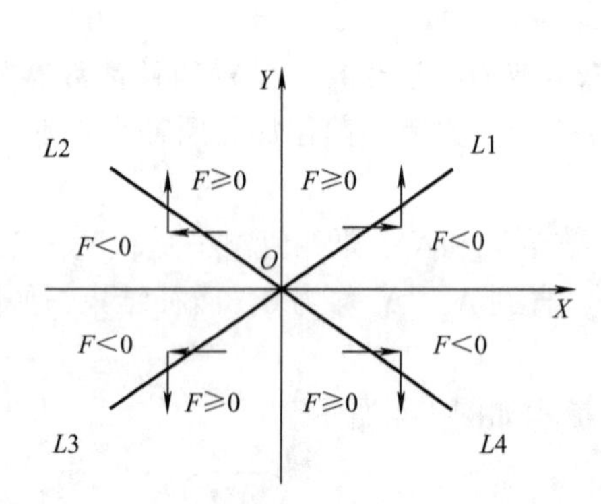

图 4-6　四个象限直线的偏差符号和插补进给方向

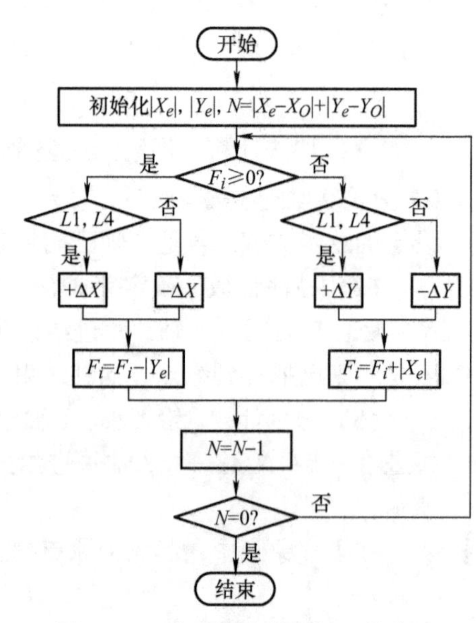

图 4-7　四个象限直线插补工作流程

（三）圆弧插补原理

对于第一象限动点 $P_i(X_i, Y_i)$，其与逆圆弧 AB 的位置关系如图 4-8 所示。

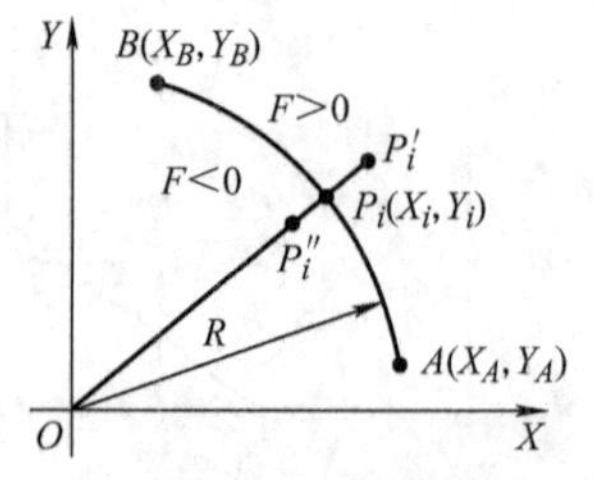

图 4-8　第一象限插补动点与逆圆弧的位置关系

若 $F_i \geqslant 0$，向 $-X$ 方向走一步，则有

$$X_{i+1} = X_i - 1$$

$$F_{i+1} = (X_i - 1)^2 + Y_i^2 - R^2 = F_i - 2X_i + 1$$

若 $F_i < 0$，向 $+Y$ 方向走一步，则有

$$Y_{i+1} = Y_i + 1$$

$$F_{i+1} = X_i^2 + (Y_i + 1)^2 - R^2 = F_i + 2Y_i + 1$$

第一象限逆圆插补流程如图 4-9 所示。

类似的，可以得到第一象限顺圆弧的插补公式。对于圆心不在原点的圆弧，可以采用与起点不在原点的直线插补类似的方法，即采用坐标平移的方式，取新坐标系的原点为圆心，在新坐标系下进行圆弧插补运算。如图 4-10 所示，在 XOY 坐标系中，设第一象限有一逆圆弧 AB，其圆心为 $C(X_c, Y_c)$，起点 $A(X_a, Y_a)$，终点 $B(X_b, Y_b)$。以 C 为原点建立新的坐标系 $X'O'Y'$，在该坐标系下，原圆弧的起点为 $A'(X_a - X_c, Y_a - Y_c)$，终点为 $B'(X_b - X_c, Y_b - Y_c)$。

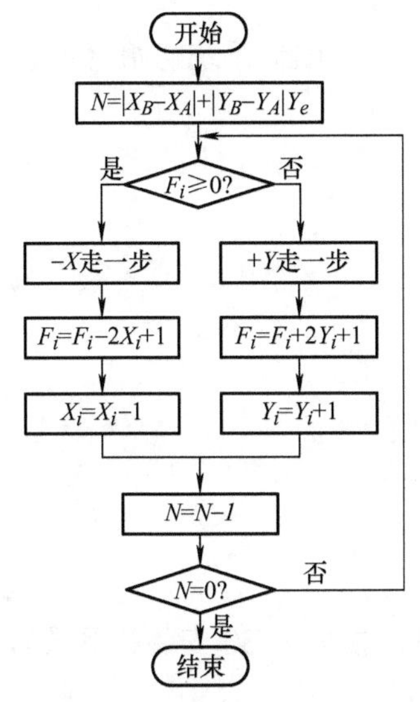

图 4-9　第一象限逆圆插补流程

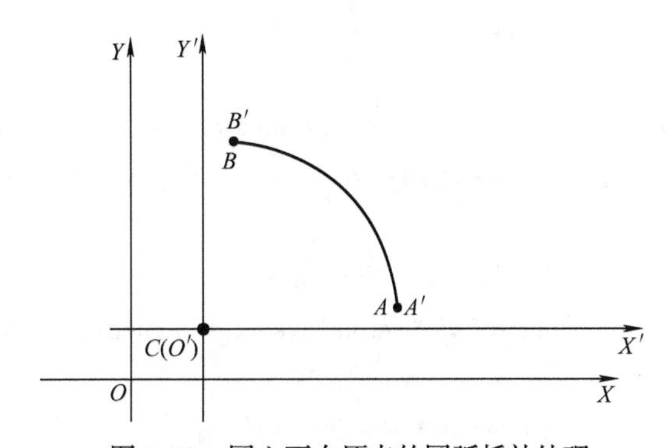

图 4-10　圆心不在原点的圆弧插补处理

四、项目方法

本项目将介绍 C 语言和 MATLAB 环境下直线逐点比较法插补的软件实现方法及插补程序的运行过程，在此基础上分别用 C 语言和 MATLAB 编写圆弧逐点比较法的插补程序及插补过程的仿真。

插补实现软件包括两部分内容，一是插补人机交互界面的编写，实现用户插补数据的输入和插补过程的图形仿真；二是插补算法的实现过程，也是本项目的核心，通过插补算法程序的编写，掌握插补的实现过程及插补的基本原理。

（一）逐点比较法第一象限直线插补程序

1. C 语言程序

```
#include <dos.h>
#include <math.h>
#include <stdio.h>
#include <conio.h>
#include <stdlib.h>
```

```
#include  <graphics.h>
void init_graph();
void close_graph();
void acrroods();
static int x0,y0;                                          /*屏幕中心坐标*/
void draw_line(int Xs,int Ys,int Xe, int Ye);
void draw_line_interpolation(int Xs,int Ys,int Xe,int Ye,int step);

void init_graph()                                          /*图形系统初始化*/
{
    int graphdrive,graphmode,grapherror;
    detectgraph(&graphdrive,&graphmode);
    if(graphdrive <0)
    {
        printf("No graphics hardware detected! \n");
        exit(1);
    }
    /* Initialize the graphics */
    initgraph(&graphdrive,&graphmode,"C:\\tc30\\bgi");
                                            /* 注:具体根据TC30安装的目录而变*/
    grapherror = graphresult();
    if(grapherror <0)
    {
        printf("Initgraph error:%s\n",grapherrormsg(grapherror));
        exit(1);
    }
}
void acrroods()                                            /*屏幕中心坐标*/
{
    x0 = getmaxx()/2;
    y0 = getmaxy()/2;
}
void draw_line(int Xs,int Ys,int Xe,int Ye)                /*画直线*/
{
    line(x0 - Xe,y0,x0 + 1.2 * Xe,y0);
    outtextxy(x0 + 1.2 * Xe + 20,y0,"X");                  /*画X轴坐标*/
    line(x0,y0 - Ye,x0,y0 + 1.2 * Ye);
    outtextxy(x0 + 10,y0 + 1.2 * Ye,"Y");                  /*画Y轴坐标*/
    line(Xs + x0,Ys + y0,Xe + x0,Ye + y0);                 /*画所被插补的直线*/
```

```
    textcolor(YELLOW);
    directvideo =0;
    gotoxy(45,5);    cprintf("Line from:%d,%d",Xs,Ys);
    gotoxy(45,6);    cprintf("Line to:%d,%d",Xe,Ye);
    gotoxy(45,7);    cprintf("Units:Pixel");
    gotoxy(45,8);    cprintf("Line    now:");
}
void close_graph()                                        /*关闭图形系统*/
{
    closegraph();
}
void draw_line_interpolation(int Xs,int Ys,int Xe,int Ye,int step)
                                                                /*直线插补函数*/
{
    int Fm,Xm = Xs + x0,Ym = Ys + y0;
    int n;
    n = ((Xe - Xs) + (Ye - Ys))/step;
    Fm =0;
    setcolor(RED);
    moveto(Xm,Ym);
    while(n >0)
    {
        if(Fm > =0)
        {
            Xm = Xm + step;
            Fm = Fm - (Ye - Ys) * step;
        }
        else
        {
            Ym = Ym + step;
            Fm = Fm + (Xe - Xs) * step;
        }
            lineto(Xm,Ym);
            delay(1000);
            n = n - 1;
            gotoxy(58,8);printf("X%d,Y%d",Xm - x0,Ym - y0);
    }
}
void main()
```

```
{
    int Xs,Ys,Xe,Ye;
    int step;
    printf("please input the start point,Xs:,Ys:\n");
    scanf("%d,%d",&Xs,&Ys);
    printf("please input the end point, Xe:,Ye:\n");
    scanf("%d,%d",&Xe,&Ye);
    printf("the step is\n");
    scanf("%d",&step);
    init_graph();
    acrroods();
    draw_line(Xs,Ys,Xe,Ye);
    draw_line_interpolation(Xs,Ys,Xe,Ye,step);
    getch();
    close_graph();
}
```

程序运行结果如图4-11 所示。

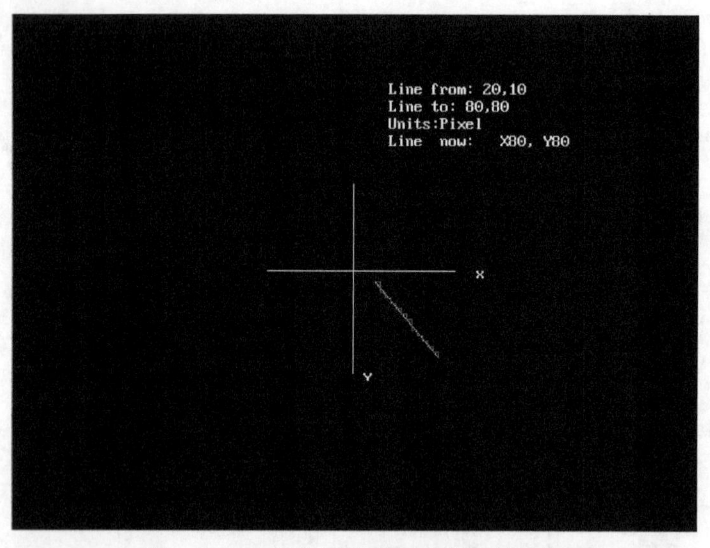

图4-11 C语言逐点比较法直线插补结果

2. MATLAB 语言程序

```
clc;                                   %清空命令区域
clear;                                 %清空工作区与全局变量
close all;                             %关闭所有窗口
% = ===========================================================
F =0;                                  %偏差函数
xs =4;                                 %起点X坐标
```

```
ys = -3;                                        %起点 Y 坐标
xe = 6;                                         %终点 X 坐标
ye = 3;                                         %终点 Y 坐标
xa = xe - xs;
ya = ye - ys;
xo = xs;                                        %插补前 X 坐标
yo = ys;                                        %插补前 Y 坐标
xn = xs;                                        %插补后 X 坐标
yn = ys;                                        %插补后 Y 坐标
dm = 0.5;
dx = dm;                                        %X 脉冲当量
dy = dm;                                        %Y 脉冲当量
% = ============================================================
n = (abs(xe - xs) + abs(ye - ys))/dm;           %插补次数
plot([xs xe],[ys ye],'r - ');  hold on;  grid on;
% = ============================================================
while(n > 0)
        if(F > =0)
        xn = xo + dx;
        yn = yo;
        plot([xo xn],[yo yn],'b - ');  hold on;  grid on;
        xo = xn;  yo = yn;
        F = F - ya * dm;
    else
        yn = yo + dy;
        xn = xo;
        plot([xo xn],[yo yn],'b - ');  hold on;  grid on;
        xo = xn;yo = yn;
        F = F + xa * dm;
    end
    n = n - 1;
end
```

上述起点为 $A(4,\ -3)$，终点为 $B(6,\ 3)$，进给步长为 0.5 的直线，采用逐点比较法插补的轨迹如图 4-12 所示。

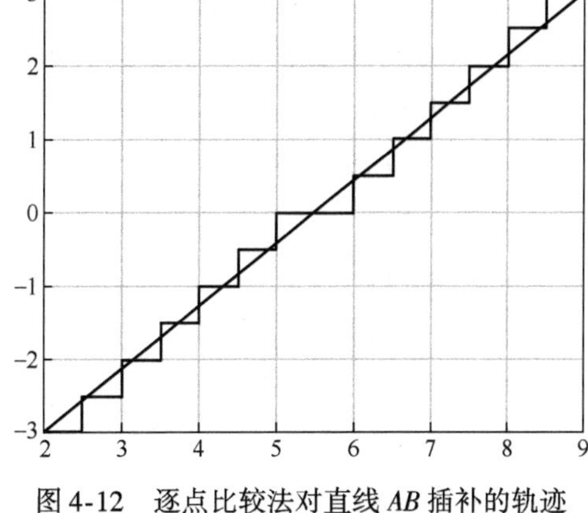

图 4-12　逐点比较法对直线 AB 插补的轨迹

（二）逐点比较法第一象限逆圆弧插补程序

以下是采用 C 语言编写的第一象限逆圆弧

逐点比较法插补程序。

```
#include <dos.h>
#include <math.h>
#include <stdio.h>
#include <conio.h>
#include <stdlib.h>
#include <graphics.h>
#define pi 3.1415926
void init_graph();
void close_graph();
void acrroods();
static float x0,y0;                                   /*屏幕中心坐标*/
void draw_arc(float Xc,float Yc,float Xs,float Ys,float Xe,float Ye,float R);
void draw_arc_interpolation(float Xc,float Yc,float Xs,float Ys,float Xe,float Ye,float step);

void init_graph()                                     /*图形系统初始化*/
{
    intgraphdrive,graphmode,grapherror;
    detectgraph(&graphdrive,&graphmode);
    if(graphdrive<0)
    {
        printf("No graphics hardware detected! \n");
        exit(1);
    }

    /* Initialize the graphics */
    initgraph(&graphdrive,&graphmode,"C:\\tc30\\bgi");
    grapherror=graphresult();
    if(grapherror<0)
    {
        printf("Initgraph error:%s\n",grapherrormsg(grapherror));
        exit(1);
    }
}
void acrroods()                                       /*屏幕中心坐标*/
{
```

```
    x0 = getmaxx()/2;
    y0 = getmaxy()/2;
}
void draw_arc(float Xc,float Yc,float Xs,float Ys,float Xe,float Ye,float R)
    /*画圆弧及写参数*/
{
    float start_angle,end_angle;
    line(x0 - Xe,y0,x0 +2 * R + Xc,y0);outtextxy(x0 +2 * R + Xc,y0,"X");
    line(x0,y0 - Ye,x0,y0 +2 * R + Yc);outtextxy(x0 + 10,y0 +2 * R + Yc,"Y");
    outtextxy(x0 - 10,y0 + 10,"O");
    start_angle =360 - acos((Xe - Xc)/R) * 180/pi;
    end_angle =360 - acos((Xs - Xc)/R) * 180/pi;
    arc(x0 + Xc,y0 + Yc,start_angle,end_angle,R);
    putpixel(Xc + x0,Yc + y0,R);
    textcolor(YELLOW);
    directvideo =0;
    gotoxy(46,2);cprintf("Arc start: %4.1f,%4.1f",Xs,Ys);
    gotoxy(46,3);cprintf("Arc end:%4.1f,%4.1f",Xe,Ye);
    gotoxy(46,4);cprintf("Arc center:%4.1f,%4.1f",Xc,Yc);
    gotoxy(46,5);cprintf("Units:Pixel");
    gotoxy(46,6);cprintf("Arc now:");
}
void close_graph()                                  /*关闭图形系统*/
{
    closegraph();
}
void draw_arc_interpolation(float Xc,float Yc,float Xs,float Ys,float Xe,float Ye,float step)
/*圆弧插补函数*/
{
    float Fm,Xm = x0 + Xs,Ym = y0 + Ys;
    int n;
    n = (abs(Xe - Xs) + abs(Ye - Ys))/step;
    Fm =0;
    moveto(Xm,Ym);
    setcolor(RED);
    while(n >0)
```

```
    {
        if(Fm>=0)
        {
            Fm=Fm-2*(Xm-x0-Xc)*step+step*step;
            Xm=Xm-step;
        }
        else
        {
            Fm=Fm+2*(Ym-y0-Yc)*step+step*step;
            Ym=Ym+step;
        }
    lineto(Xm,Ym);
    n=n-1;
    gotoxy(58,6);printf("X%3.0f Y%3.0f",Xm-x0,Ym-y0);
    delay(800);
    }
}
void main()
{
    float Xc,Yc,Xs,Ys,Xe,Ye,R;
    float step;
    printf("please input the center point,Xc:,Yc:\n");
    scanf("%f,%f",&Xc,&Yc);
    printf("please input the start point,Xs:,Ys:\n");
    scanf("%f,%f",&Xs,&Ys);
    printf("please input the end point,Xe:,Ye:\n");
    scanf("%f,%f",&Xe,&Ye);
    printf("the step is\n");
    scanf("%f",&step);
    R=sqrt((Xs-Xc)*(Xs-Xc)+(Ys-Yc)*(Ys-Yc));
    init_graph();
    acrroods();
    draw_arc(Xc,Yc,Xs,Ys,Xe,Ye,R);
    draw_arc_interpolation(Xc,Yc,Xs,Ys,Xe,Ye,step);
    getch();
    close_graph();
}
```

采用C语言对第一象限逆圆弧逐点比较法插补的结果如图4-13所示。

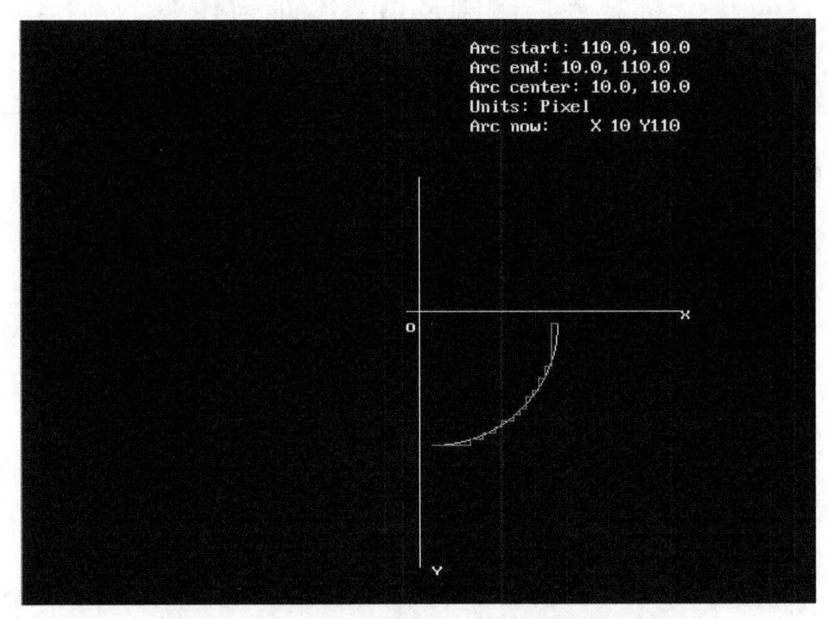

图4-13　第一象限逆圆弧逐点比较法插补的结果

五、项目内容

1）依据逐点比较法插补原理，编写表4-1、表4-2所列轮廓轨迹的插补程序，并在计算机上编辑运行该程序，实现插补及运动仿真。

表4-1　直线轨迹

	起点	终点
直线	(-10，5)	(25，10)
	(-10，50)	(-50，30)
	(-10，-20)	(-50，-40)

表4-2　圆弧轨迹

	起点	终点	半径	顺逆
圆弧	(-10，5)	(-5，20)	20	顺
	(-10，50)	(-50，30)	100	逆
	(-10，-20)	(-500，-200)	500	逆

2）依据数据采样法插补原理，编写上述轮廓轨迹的插补程序，并在计算机上编辑运行该程序，实现插补及运动仿真。

3）对比上述方法的优劣。

4）请思考逐点比较法与数据采样法的插补思路有何不同。

“插补程序编制及仿真”项目作业

日期：______年____月____日　　　　　　　　　　　　指导教师：________

班级：________姓名：________学号：__________成绩：________

一、项目目标

二、项目内容

三、插补算法流程图

1）画出逐点比较法四象限直线插补算法流程图。

2）画出逐点比较法四象限圆弧插补算法流程图。

3）画出数据采样法圆弧插补算法流程图。

四、插补程序清单

1）写出逐点比较法四象限直线插补程序。

2）写出逐点比较法四象限圆弧插补程序。

3）写出数据采样法圆弧插补程序。

五、项目仿真结果

六、项目心得体会

项目五

主轴变频调速与伺服系统参数优化

一、项目目标

1）了解数控机床主轴变频调速原理。
2）掌握主轴电动机变频器参数的设置方法。
3）了解数控机床伺服进给系统控制结构。
4）掌握机床进给伺服电动机的伺服参数优化方法。

二、项目原理

（一）主轴变频调速原理

数控机床的主轴电动机一般分为异步和永磁同步两种，异步电动机结构简单、成本低，被广泛采用。异步电动机的转速 n(r/min) 为

$$n=\frac{60f(1-s)}{p} \tag{5-1}$$

式中 f——定子供电频率（电源频率），单位为 Hz；
p——电动机定子绕组磁极对数；
s——转差率。

要改变电动机的转速，可以通过改变磁极对数、改变转差率和改变定子供电频率三种方式实现，在数控机床中，主轴电动机的调速常采用改变定子供电频率的变频调速方式。

电动机每相的感应电动势 E(V) 为

$$E=4.44fN\Phi\approx U \tag{5-2}$$

式中 N——每相绕组有效匝数；
Φ——每极磁通，单位为 Wb；
U——定子电压，单位为 V。

由上述公式可知，可以通过调整定子供电频率 f 进行变频调速。当定子供电频率低于异步电动机铭牌的额定频率（f_N）时，定子供电频率 f 和供电电压 U 成比例变化，以保持磁通 Φ 不变，实现恒磁通变频调速，在区域Ⅰ，变频调速下电动机的输出转矩不变（图 5-1）。

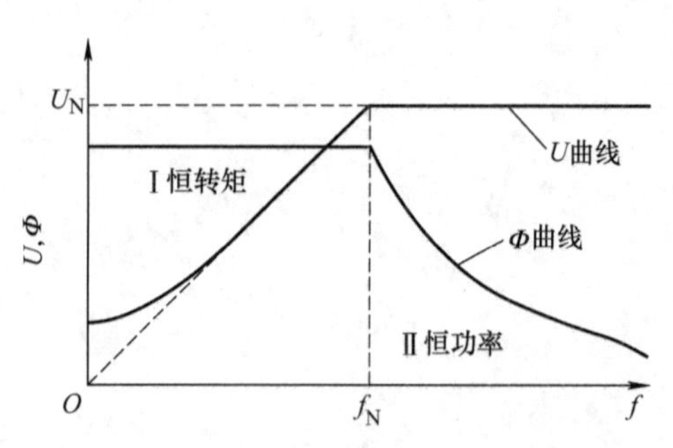

图 5-1　异步电动机的电压、磁通特性曲线

当频率超过异步电动机铭牌的额定频率时，由于电源电压的限制，电动机定子电压 U 已达到变频器输出电压的最大值，再不能随 f 而升高。当通过调整定子供电频率 f 进行变频调速时，异步电动机的每极磁通 Φ 将与 f 成反比例关系下降，其转矩 T 也随着 f 成反比例关系下降。但是当转速 n 提高时，异步电动机的输出功率 P 在此区域内保持不变（$P=Tn$），所以区域Ⅱ称为恒功率变频调速区域（图5-1）。

（二）伺服优化方法简介

伺服进给系统控制结构框图如图5-2所示。

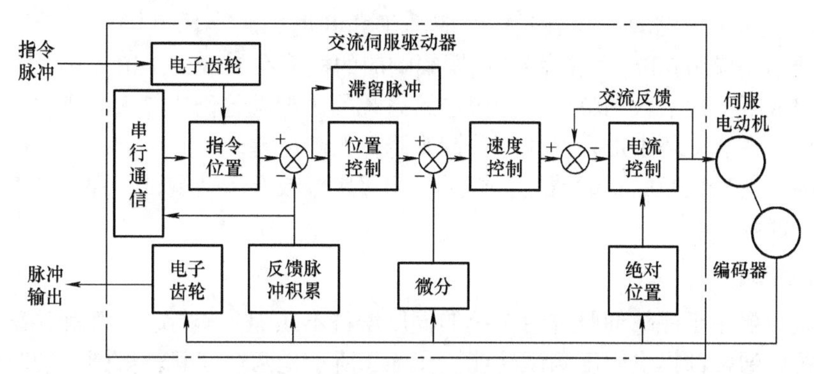

图5-2　伺服进给系统控制结构框图

其中位置环控制器通常采用比例调节（P），速度环控制器通常采用比例-积分调节（PI），在速度环里面还有电流环控制器，此外在每个控制环中还有一些滤波器，这些控制参数构成了伺服进给系统调节系统，必须对这些参数进行调节才能优化系统性能。伺服驱动系统的电流环控制器通常已由伺服驱动厂家优化好，为了降低伺服参数优化难度，在实际工作中通常只对位置环控制器（P）和速度环控制器（PI）进行优化。为提高系统的响应，应尽量提高速度和位置环的增益，如果在某个频率发生共振，则可使用滤波器减小共振的影响。

伺服控制参数的整定方法一般可以分为理论整定和工程整定两类。在实际应用中，由于系统误差、现场条件（例如干扰、负载）变化等因素的存在，理论整定法的效果并不理想。因此，伺服进给系统PID参数整定一般采用工程整定法。

用工程整定法进行数控机床伺服参数调试时，一般采用先速度环、再位置环这样的次序。在位置参数调试完成后，还可以再次微调速度环参数，以进一步提高系统动态特性。

1. 速度环控制器参数调节

速度环控制器参数包括：速度环增益、速度环积分时间常数和扭矩滤波器参数。其中速度环增益、速度环积分时间常数直接影响到轴的动态响应，扭矩滤波器参数影响着系统振动性能的优劣。

在机床能够正常运行的情况下应使增益尽量大、积分时间尽量小，以扩展频带宽度。一般情况下调整过程为：先将速度环积分时间调到最大，使积分环节失效；然后逐渐增加速度环增益，直至电动机啸叫或有较为明显的振动；速度环增益调节完毕后，减小速度环积分时间值以突出积分环节的效果、消除稳态误差，最终使频率响应曲线上的最高点不超过3dB。

当低频处的频率响应较差时，可以采用低通滤波使低频段频率特性稳定；速度环增益增大的同时，频率响应会在某些频率处产生较大的峰尖，通过扭矩滤波器可以将这些峰尖屏蔽掉。由于滤波器的使用相当于给系统增加了非线性环节，造成了系统的迟滞，从而引起系统较大的跟随误差和轮廓误差，因此应该尽可能少地使用滤波器。

2. 位置环控制器参数调节

位置环对系统的位置控制精度有着重要的影响，位置环控制器一般采用比例调节。高的位置环增益对系统的跟随误差有着较好的抑制效果，可以提高系统频响特性的带宽并提高整个进给系统的伺服刚度；但是如果位置环增益过大，也会产生进给轴过冲，造成机床的振动，因此需要合理调节。

位置环增益可以通过系统频率响应的伯德图来调节，调节中应遵循以下原则：当振幅响应低于 0dB 时，增大比例增益；当振幅响应高于 0dB 时，减小比例增益；最终使在较宽的频率范围内振幅响应为 0dB，而在部分点振幅响应的极值在 1dB 到 3dB。

如果在完成了上述参数调整后，伺服进给系统的跟随误差仍比较大，则可以在位置环中加入速度前馈并在速度环中加入加速度前馈来降低跟随误差。

另外，为了达到良好的轮廓精度，要进行伺服跟踪或圆运动测试，保证各个联动轴的位置环增益相互匹配。

3. 圆度测试

圆度测试主要用于评估伺服进给系统的伺服增益不匹配、爬行、间隙和系统振荡等动态特性，数控机床通常都提供圆度测试功能。图 5-3 所示是两个伺服轴做圆运动时的增益不匹配图谱。当机床两个轴的增益匹配时，顺圆运动和逆圆运动的图谱是重合的圆；当机床两个轴的增益不匹配时，顺圆运动和逆圆运动的图谱都是椭圆。当机床 X 轴增益 K_x 大于机床 Y 轴增益 K_y 时，顺圆运动的长轴位置在第一和第三象限，逆圆运动的长轴位置在第二和第四象限（图 5-3a）；当机床 X 轴增益 K_x 小于机床 Y 轴增益 K_y 时，顺圆运动的长轴位置在第二和第四象限，逆圆运动的长轴位置在第一和第三象限（图 5-3b）。根据椭圆长轴的倾斜方向可以判断 K_x 与 K_y 的关系，从而指导伺服参数调整。

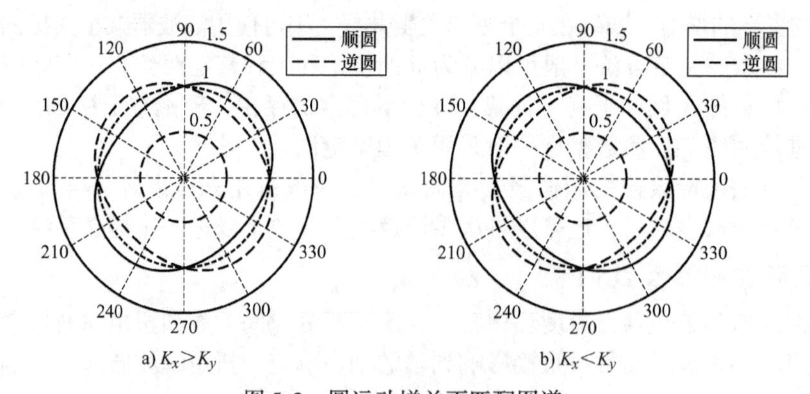

图 5-3 圆运动增益不匹配图谱

三、项目设备及操作

（一）MX－3 平台中安川变频器的参数设置

MX－3 开放式数控系统台如图 5-4 所示。平台硬件构成包括数控装置和伺服系统两大部分。数控装置由嵌入式 PC、固高 GUC 运动控制器、显示器、键盘、鼠标、控制面板、手轮以及外设等构成；伺服系统由主轴系统和进给轴系统组成，其中主轴系统采用三相异步电动机的变频控制，进给轴系统采用交流伺服电动机的半闭环控制。

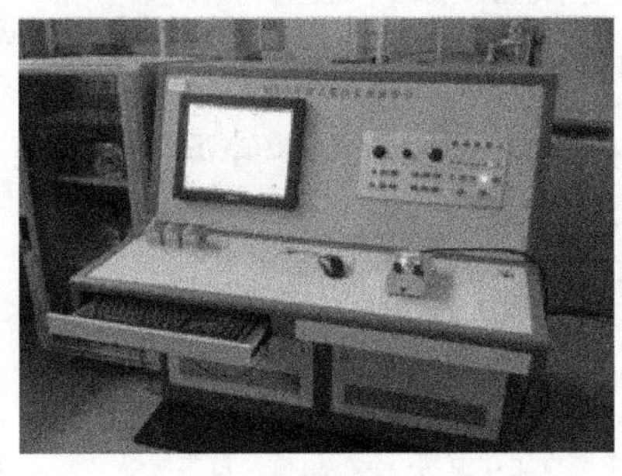

a) 正面

b) 背面

图 5-4　MX-3 开放式数控系统台

平台上所使用的主轴电动机及变频器型号见表 5-1。

表 5-1　主轴电动机及变频器型号

项　目	名　称	型　号
主轴变频器	安川 F7 变频器	CIMR-F7B41P5
主轴电动机	SFC 三相异步电动机	IFBEJ-50-1.5-B

安川 F7 变频器基本结构如图 5-5 所示。其参数设置由数字式操作器完成。

图 5-6 所示是数字式操作器各部分的名称与功能。安川 F7 变频器有五种模式，利用［MENU］键和［DATA/ENTER］键，可以使数字式操作器在查看画面、设定画面和模式选择画面之间进行切换。对于 MX-3 平台主轴电动机的变频调速，只需要在简易程序模式下，设置参数 A1_02=0，就可以实现恒转矩变频控制。

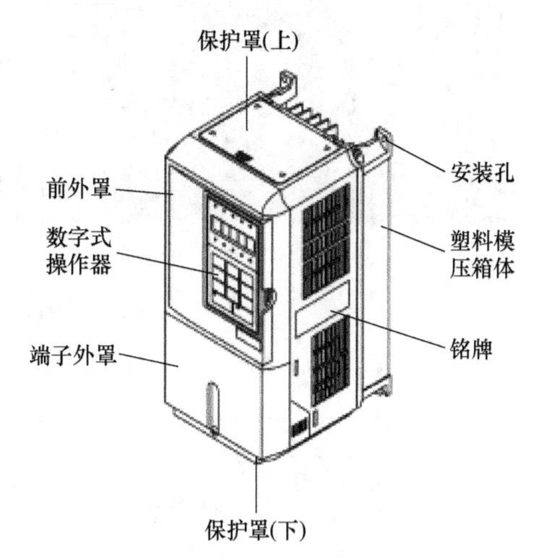

图 5-5　安川 F7 变频器基本结构

（二）伺服参数优化

1. 速度环比例增益的参数优化

华中 HNC-808 数控系统的机床操作面板如图 5-7a 所示，开机后右旋弹起［急停］按钮，在“手动模式”下将 X、Y 轴移动至行程的中间，然后调回“自动模式”。

按［诊断］键，进入如图 5-7b 所示的诊断界面，按［伺服调整］键，进入如图 5-8a 所示的速度环伺服调整界面，再按左侧［速度环］键，进入速度环，然后按［配置］键进入如图 5-8b 所示的速度环运行参数设置界面修改配置。

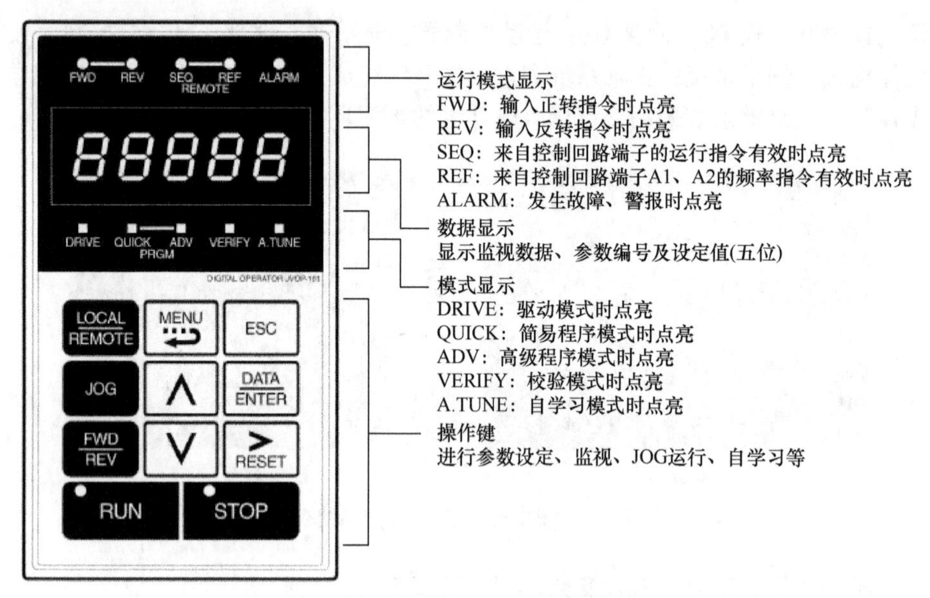

图 5-6　数字式操作器各部分的名称与功能

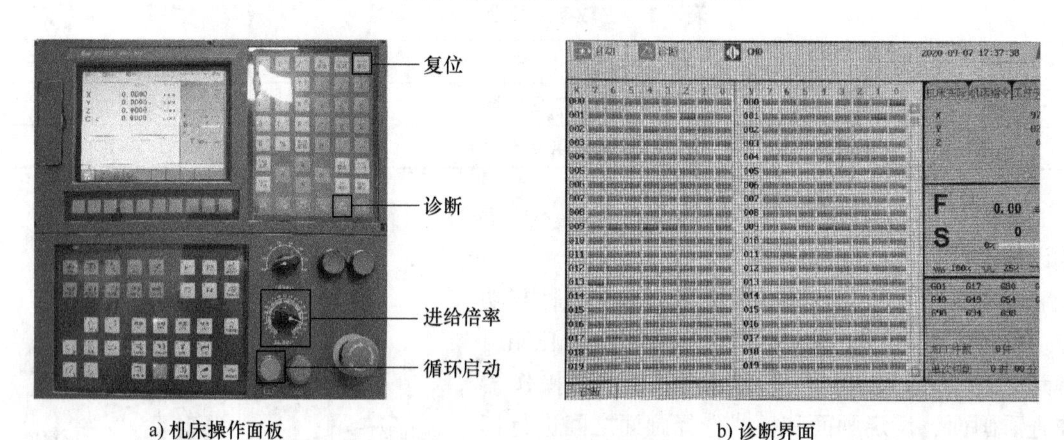

a) 机床操作面板　　b) 诊断界面

图 5-7　机床操作界面

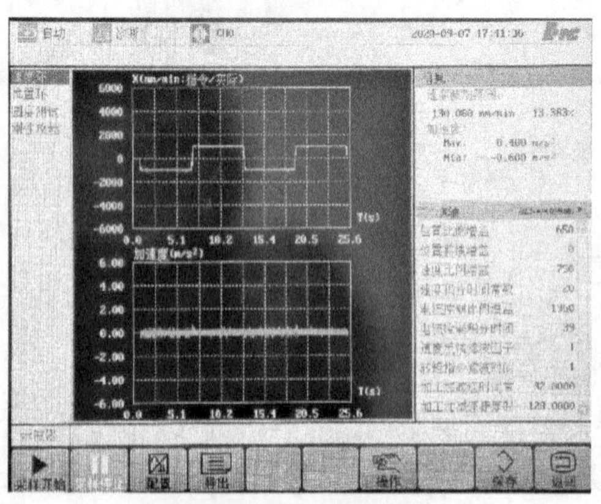

a) 速度环伺服调整界面　　b) 速度环运行参数设置界面

图 5-8　速度环测试界面

需要说明的是，必须对每个轴都进行伺服参数优化，才能使整个机床性能得到优化。下面以 *X* 轴为例进行速度环参数优化，本例中 *X* 轴的行程为 150mm，速度为 1000mm/min，采样周期为 4ms，按［代码预览］键检查速度环测试的 G 代码。

程序代码如下：

```
%0002;                         //头文件
G92  X0;                       //建立临时坐标系
G91  G01  X-150  F1000;        //X 轴负向移动 150mm，速度为 1000mm/min
X150;                          //X 轴正向移动 150mm
X-150;                         //X 轴负向移动 150mm
X150;                          //X 轴正向移动 150mm
M30;                           //程序结束
```

返回如图 5-8a 所示的速度环伺服调整界面，将速度积分时间常数设为 500，速度比例增益设为 20，设置参数时的密码为“HNC8”，参数修改完成后按［保存］键，再按［复位（Reset）］键。将进给倍率调至 100%，然后按［采样开始］与［循环启动］键开始测试。

逐渐增加速度比例增益，20～100 每次增加 20，100 后每次增加 100，直至电动机啸叫或有较为明显的振动，这时将速度比例增益下调 100～200，将每次实验的速度波动范围和加速度最大、最小值填入表 5-2 中，记录实验截图（按［操作］键可放大图像），并绘制速度比例增益-速度波动范围曲线和速度比例增益-加速度曲线。

表 5-2　速度比例增益参数调整数据表

位置比例增益__________　　　　　　速度积分时间常数__________

序号	速度比例增益	速度波动范围		加速度/(m/s^2)		序号	速度比例增益	速度波动范围		加速度/(m/s^2)	
		mm/min	%	max	min			mm/min	%	max	min
1						8					
2						9					
3						10					
4						11					
5						12					
6						13					
7						14					

2. 速度积分时间常数的优化

速度比例增益优化完成后，返回图 5-8a 所示的速度环伺服调整界面，逐渐减小速度积分时间常数，100～500 每次减小 50，20～100 每次减小 20，将每次实验的速度波动范围和加速度最大、最小值填入表 5-3 中，记录实验截图，并绘制速度积分时间常数-速度波动范围曲线和速度积分时间常数-加速度曲线。

表 5-3　速度积分时间常数参数调整数据表

位置比例增益__________　　　　　　　　　　　　　　速度比例增益__________

序号	速度积分时间常数	速度波动范围		加速度/(m/s²)		序号	速度积分时间常数	速度波动范围		加速度/(m/s²)	
		mm/min	%	max	min			mm/min	%	max	min
1						8					
2						9					
3						10					
4						11					
5						12					
6						13					
7						14					

3. 位置比例增益的参数优化

返回图 5-8a 所示的速度环伺服调整界面，进入如图 5-9a 所示的位置环，按［配置］键进入如图 5-9b 所示的界面修改配置。

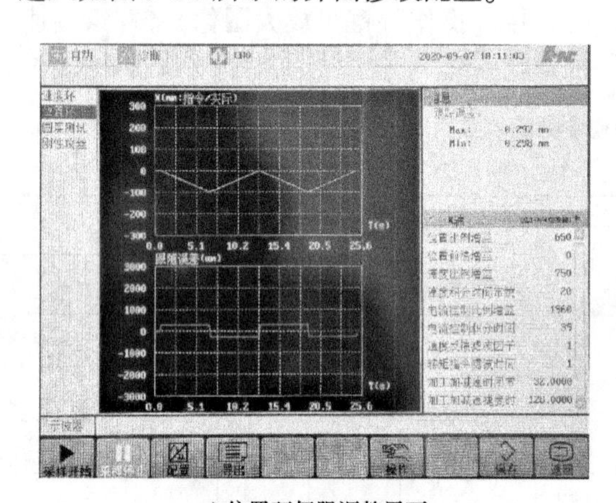

a) 位置环伺服调整界面

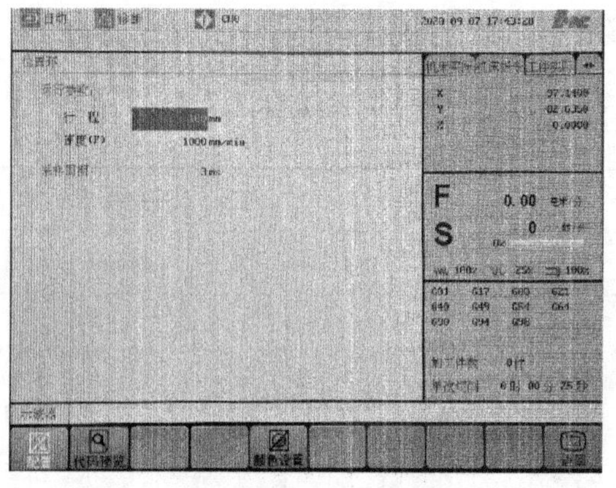

b) 位置环运行参数设置界面

图 5-9　位置环测试界面

下面仍以 X 轴为例进行位置环参数优化，与速度环类似，本例中 X 轴的行程为 150mm，速度为 1000mm/min，采样周期 4ms，按［代码预览］键检查位置环测试的 G 代码，本例中位置环测试的程序代码与速度环比例增益实验的测试程序代码相同。

返回测试界面，将位置环比例增益设为 40，然后按［采样开始］与［循环启动］键开始测试。逐渐增加位置比例增益，40 ~ 100 每次增加 20，100 后每次增加 100，直至电动机啸叫或有较为明显的振动，这时将位置环比例增益下调 100 ~ 200。将每次实验的跟随误差填入表 5-4 中，记录实验截图，并绘制位置比例增益-跟随误差曲线。

表 5-4　位置比例增益参数调整数据表

速度比例增益________________　　　　　　　　　　　　　　速度积分时间常数_________

序号	位置比例增益	跟随误差/mm		序号	位置比例增益	跟随误差/mm	
		max	min			max	min
1				7			
2				8			
3				9			
4				10			
5				11			
6				12			

X 轴测试完毕后按［ALT + →］键切换至 *Y* 轴重复上述测试。

4. 圆度测试

X 轴与 *Y* 轴均完成上述实验后，必须进行圆度测试以检查两个轴的参数是否匹配，而且也要事先编好圆度测试程序。首先进入 5-8a 所示的速度环伺服调整界面，然后按左边［圆度测试］键进入如图 5-10a 所示的圆度测试操作界面，再按［配置］键进入如图 5-10b 所示的圆度测试运行参数设置界面修改配置。假设需要加工的零件常用的参数如下：半径设为 50mm，速度设为 1200mm/min，采样周期设为 4ms，按［代码预览］键检查圆度测试的 G 代码。

程序代码如下：

```
%0001;                                  //头文件
G92 X50.000 Y0;                         //建立临时坐标系
G64 G17 G02 I-50.000 F1200.000;         //极坐标，XY 平面，半径为 50mm 的圆，
                                        //速度为 1200mm/min
G64 G17 G02 I-50.000 F1200.000;         //极坐标，XY 平面，半径为 50mm 的圆，
                                        //速度为 1200mm/min
M30;                                    //程序结束
```

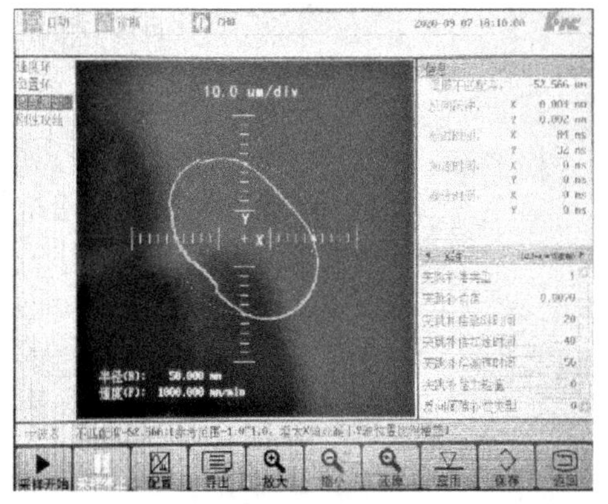

a) 圆度测试操作界面

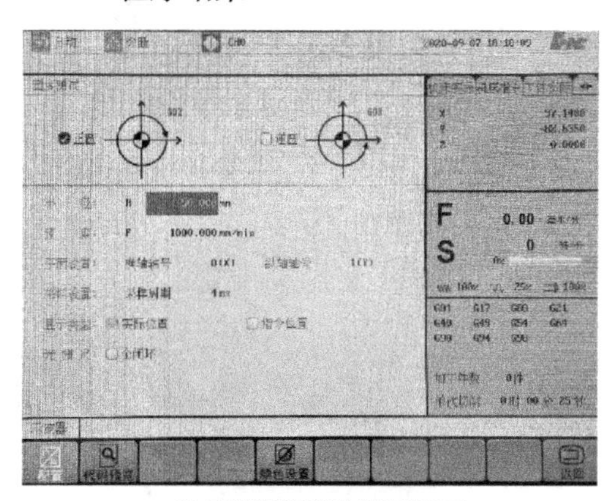

b) 圆度测试运行参数设置界面

图 5-10　圆度测试界面

返回测试界面，然后按［采样开始］与［循环启动］键开始测试。根据机床系统的提示微调位置比例增益，直至伺服不匹配度≤1μm，将每次实验的伺服不匹配度填入表5-5中，并记录实验截图。最后，当伺服不匹配度≤1μm时，返回图5-9a所示的位置环伺服调整界面，测量*X*轴与*Y*轴的跟随误差，将测得的跟随误差填入表5-6中，并记录实验截图。

表5-5 标准圆度测试数据表

序　　号	位置比例增益		伺服不匹配度/μm
	*X*轴	*Y*轴	
1			
2			
3			

表5-6 调整完成后的位置比例增益参数数据表

位置比例增益		跟随误差/mm	
		max	min
*X*轴			
*Y*轴			

“主轴变频调速与伺服系统参数优化”项目作业

日期：______年____月____日　　　　　　　　　　　指导教师：________

班级：________姓名：________学号：__________成绩：________

一、项目目标

二、项目内容

三、数据处理

（一）*X* 轴伺服参数优化

1. 速度比例增益参数调整

1）速度比例增益参数调整实验截图与数据表（表 5-2）。

2）绘制速度比例增益–速度波动范围曲线、速度比例增益–加速度曲线（图 5-11 ~ 图 5-14）。

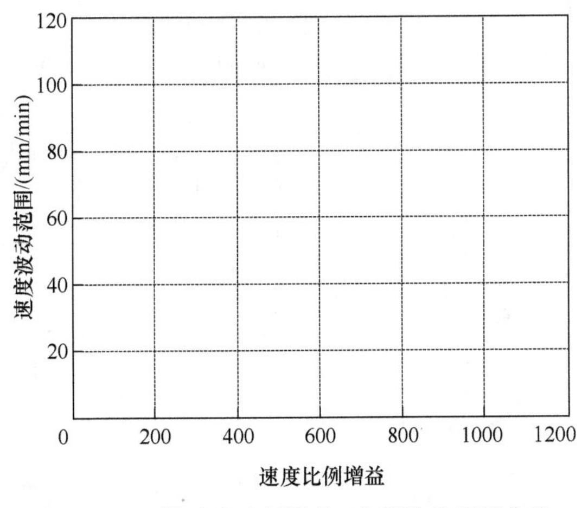

图 5-11　*X* 轴速度比例增益–速度波动范围曲线

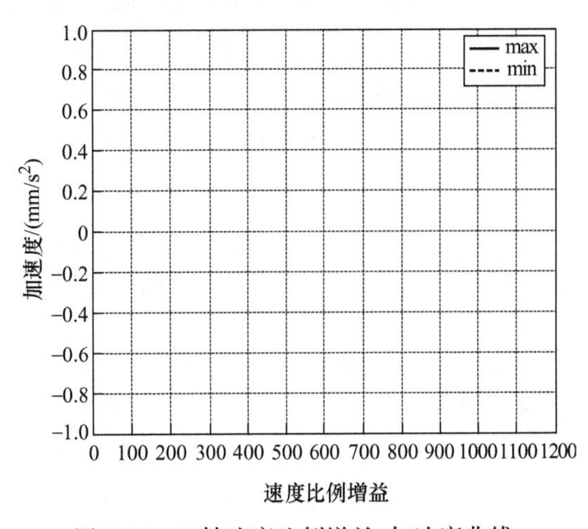

图 5-12　*X* 轴速度比例增益–加速度曲线

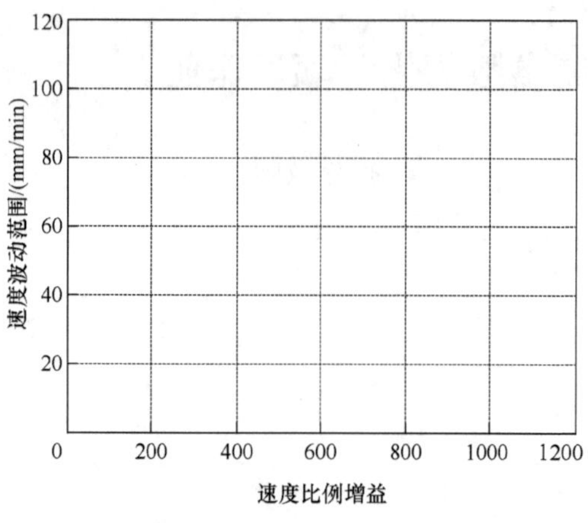

图 5-13 Y 轴速度比例增益-速度波动范围曲线

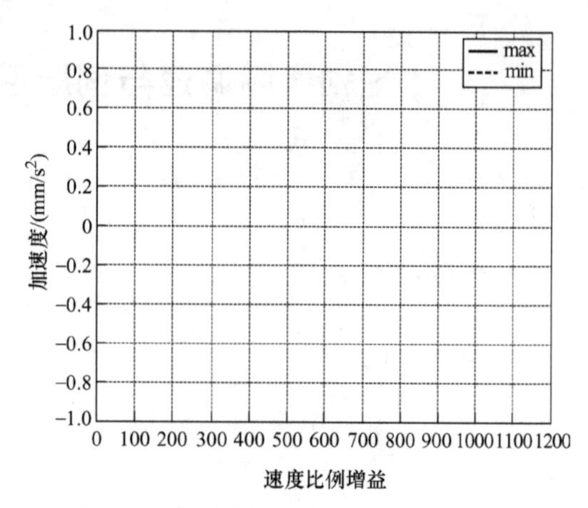

图 5-14 Y 轴速度比例增益-加速度曲线

2. 速度积分时间常数参数调整

1）速度积分时间常数参数调整实验截图与数据表（表 5-3）。

2）绘制速度积分时间常数-速度波动范围曲线、速度积分时间常数-加速度曲线（图 5-15 ~ 图 5-18）。

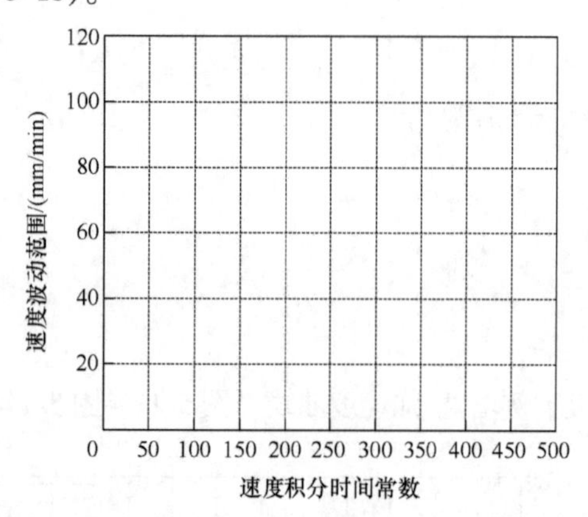

图 5-15 X 轴速度积分时间常数-速度波动范围曲线

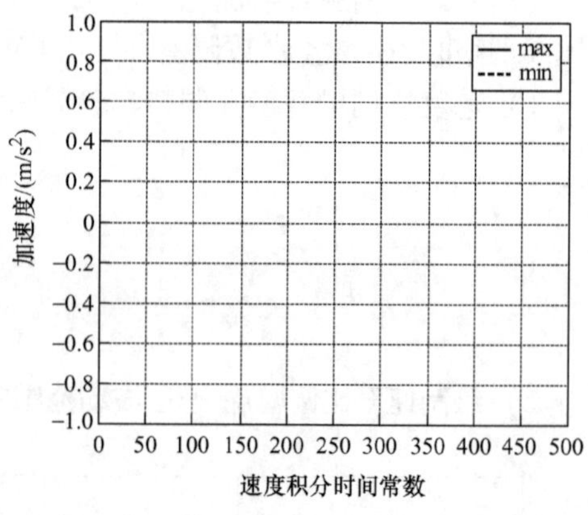

图 5-16 X 轴速度积分时间常数-加速度曲线

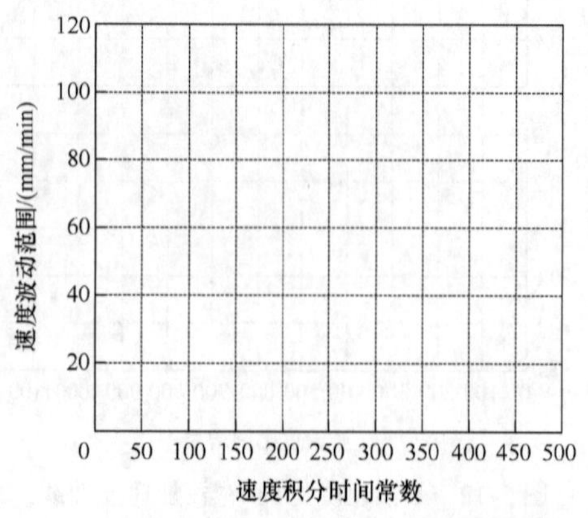

图 5-17 Y 轴速度积分时间常数-速度波动范围曲线

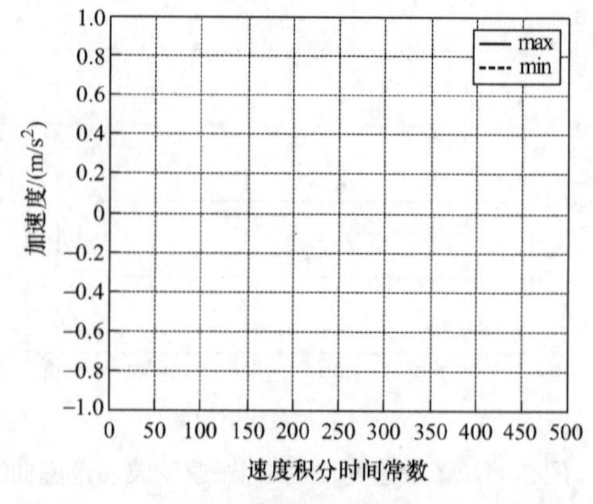

图 5-18 Y 轴速度积分时间常数-加速度曲线

3. 位置比例增益参数调整

1）位置比例增益参数调整实验截图与数据表（表5-4）。

2）绘制位置比例增益-跟随误差曲线（图5-19、图5-20）。

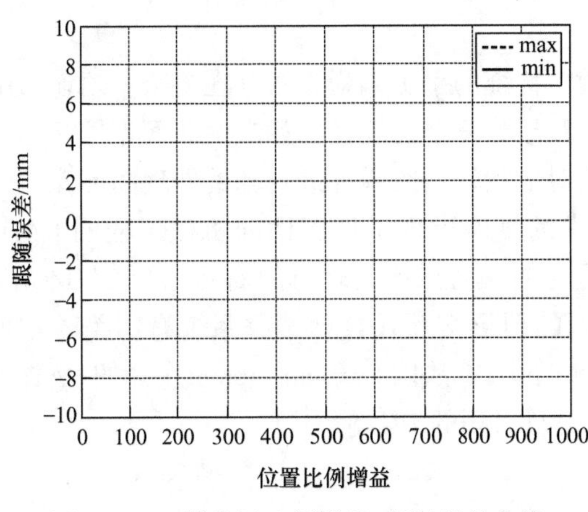

图5-19　*X*轴位置比例增益-跟随误差曲线

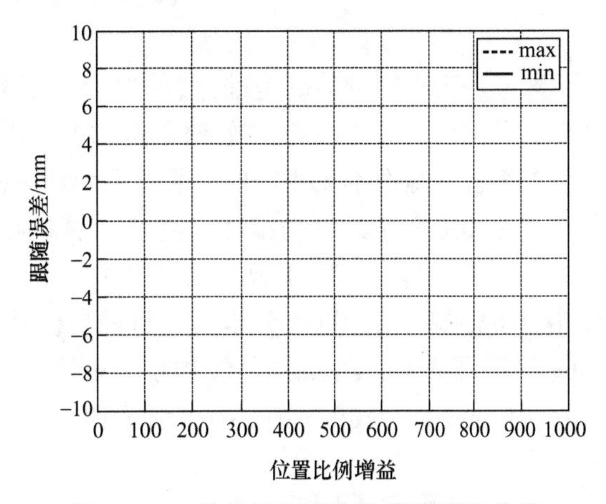

图5-20　*Y*轴位置比例增益-跟随误差曲线

（二）标准圆度测试

1）标准圆度测试实验截图与数据表（表5-5）。

2）调整完成后的位置比例增益实验截图与参数数据表（表5-6）。

四、项目分析与结论

五、讨论单轴伺服参数优化与两轴伺服匹配之间的关系

六、项目心得

CAD/CAM软件应用及自动编程

数控加工程序的编制是进行数控加工的关键，传统的手工编程方法存在复杂、烦琐、用时长、易出错、难于检查、效率低等问题，对一些形状复杂的零件，如自由曲面零件等，采用手工编程更是根本无法实现。通过采用计算机对形状复杂的零件进行辅助处理和计算，可实现零件加工程序的自动编写。随着计算机技术的发展出现了许多面向机械工程的 CAD/CAM 软件，极大地简化了数控编程工作，提高了数控编程效率。现有的商品化的 CAD/CAM 软件种类较多，功能也十分丰富，目前广泛使用的图形交互式自动编程系统有：美国 CNC software 公司的 Mastercam，美国 PTC 公司的 Pro/Engineer，法国 Dassault System 公司的 CATIA，以色列 Cimatron 公司的 Cimatron，美国 UGS PLM 软件公司的 UG 等。

一、项目目标

1）进一步理解数控机床加工原理，熟悉 CAD/CAM 的结合应用。

2）学习 Mastercam 软件，掌握自动编程的基本方法。

3）独立操作机床，完成象棋零件加工。

二、项目原理

1. Mastercam 软件简介

Mastercam 是美国 CNC Software 公司开发的基于 PC 平台的 CAD/CAM 软件。它集二维绘图、三维实体造型、曲面设计、体素拼合、数控编程、刀具路径模拟及真实感模拟等功能于一身。Mastercam 强大稳定、方便直观的几何造型功能可设计出含有复杂的曲线、曲面的零件，提供了设计零件外形所需的理想环境。Mastercam X 以上版本采用全新的 Windows 操作界面，支持中文环境，而且价位适中，是广大中小企业的理想选择。Mastercam 是经济有效的、全方位的软件系统，是工业界及学校广泛采用的 CAD/CAM 系统，也是 CNC 编程初学者在入门时的首选软件。其主要功能特点如下：

1）操作方面。采用了目前流行的窗口式操作和以对象为中心的操作方式，使操作效率大幅度提高。

2）设计方面。单体模式可以选择［曲面边界］选项，可动态选取串联起始点，增加了工作坐标系统 WCS；而在实体管理器中，可以将曲面转化成开放的薄片或封闭实体。

3）加工方面。在刀具路径重新计算中，除了更改的刀具直径和刀角半径需要重新计算外，其他参数均不需要更改；在打开文件时，可选择是否载入刀具路径文件（NCI），大大缩短了读取大文件的时间。

4）Mastercam 系统设有刀具库及材料库，能根据被加工工件的材料及刀具规格尺寸自动确定进给率、转速等加工参数。

5）Mastercam 是一套图形驱动的软件，用途广泛，操作方便，能同时提供适合目前国际上通用的各种数控系统的后置处理程序文件，可以将刀具路径文件转换成相应的 CNC 控制器上所使用的数控加工程序（NC 代码）。

2. Mastercam 软件加工程序生成基本流程

首先利用 Mastercam 软件的二维、三维建模功能构建零件模型或将 AutoCAD、CorelDraw、Pro/Engineer 等 CAD 软件绘制的图形转换为 Mastercam 的几何模型；然后采用图形交互方式设置相关加工参数，快速计算出最佳刀具轨迹，自动生成刀具轨迹文件；最后通过后置处理器将刀具轨迹文件转换为机床数控系统能够接受的数控加工文件，再通过计算机数据传输接口将 NC 程序传入到数控机床，即可完成对工件的数控加工。具体步骤如下：先通过计算机辅助设计（CAD）得到产品模型，产生“. MCX”文件，再通过计算机辅助制造（CAM）产生“. NCI”文件，POST 后处理产生“. NC”文件。本项目以加工象棋“帅”字为例，进一步了解 Mastercam 2017 系统是如何工作的。

三、象棋棋子自动编程及仿真运行实例

1. 象棋棋子建模

1）打开 Mastercam2017 软件，新建文件，选择［草图］→［已知点画圆］，输入圆心坐标［（0，0，0）］和半径［35］，单击［确定］按钮，如图 6-1 所示。

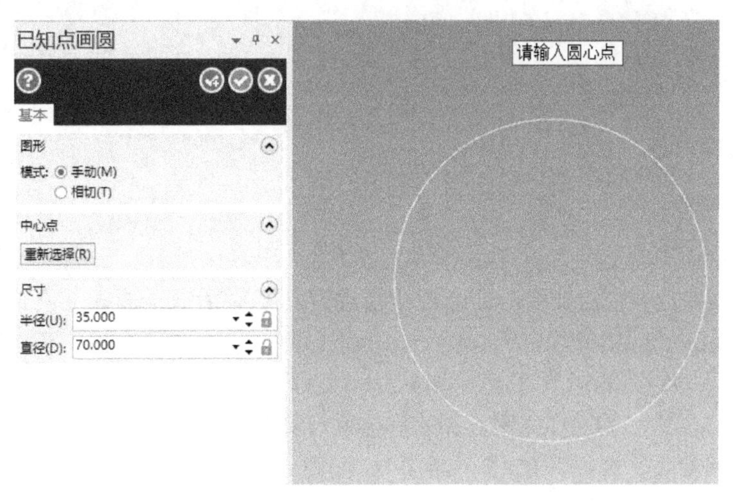

图 6-1　利用［圆心 + 半径］指令绘圆

2）选择［草图］→［文字］→［隶字体］、［常规］、［10 号］，输入［文字内容］为［帅］，输入［文字高度］为［65］，放置文字（默认为文字的左下角点），放置位置为

[（-28.5，-20，0）]，单击［确定］按钮，如图6-2所示，按［Esc］键退出文字输入指令，“帅”字的CAD建模过程完成，如图6-3所示。

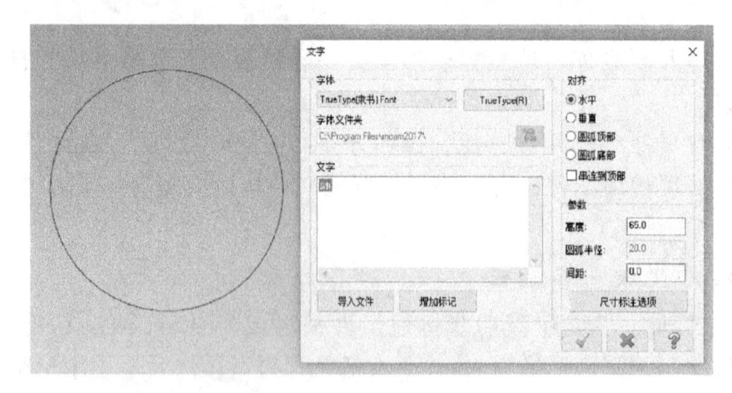

图6-2 绘制“帅”字图

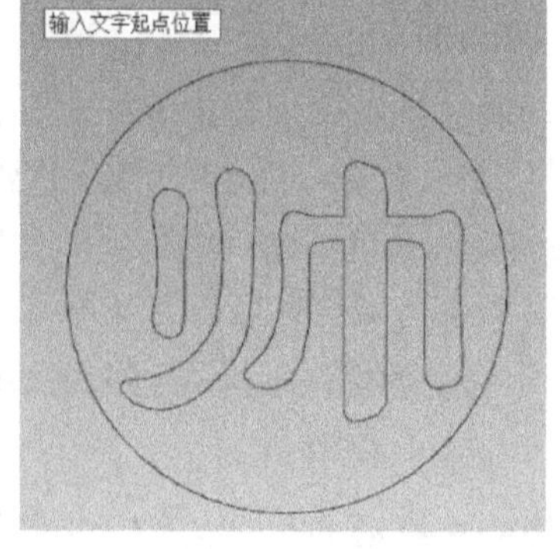

图6-3 象棋“帅”字的CAD建模

2. 刀具路径规划、仿真及程序修改

1）选择［机床］→［铣床］→［默认］。

2）选择［刀路］→［2D挖槽］→［内槽串联］，依次选择外圆、竖、竖撇及巾部，如图6-4所示。单击［确定］按钮，出现［挖槽］对话框。

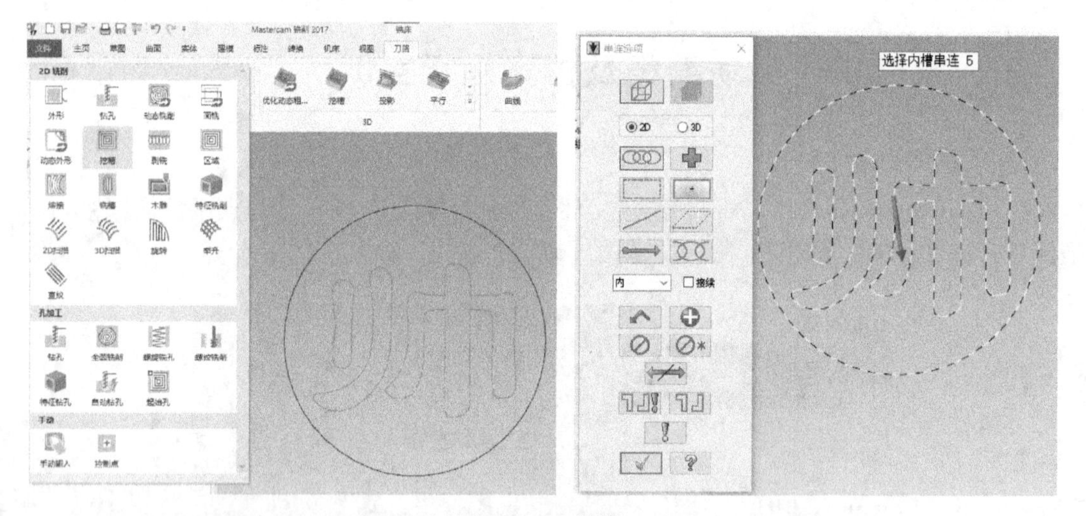

图6-4 2D挖槽

3）设置刀具参数。空白处右击，出现［新建刀具］对话框，选择［平底刀］，设置参数［刀齿直径］为［2］，［总长度］为［50］，［刀齿长度］为［5］，单击［下一步］（图6-5a），设置［进给速度］为［300］，［下刀速率］为［200］，［提刀速率］为［1200］，［主轴转速］为［1600］，单击［完成］（图6-5b），结束刀具参数设置。

4）设置刀柄参数。选择［B2C3-0016］，如图6-6所示。

5）切削参数设置。如图6-7所示，［挖槽加工方式］选择［标准］，［壁边预留量］设为［0］，［底面预留量］设为［0］。

① 粗切参数。如图6-8所示，［切削方式］选择［双向］，［切削间距（直径%）］设为

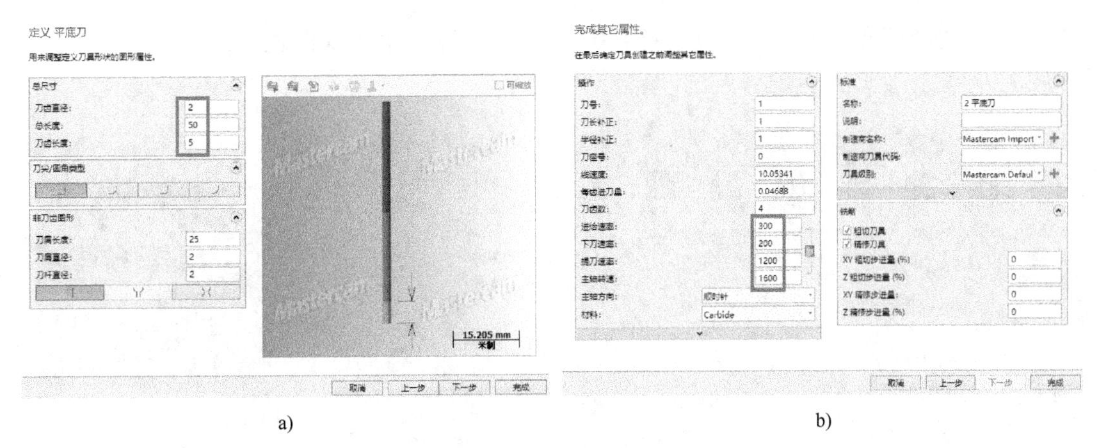

a)　　　　　　　　b)

图 6-5　刀具参数设置

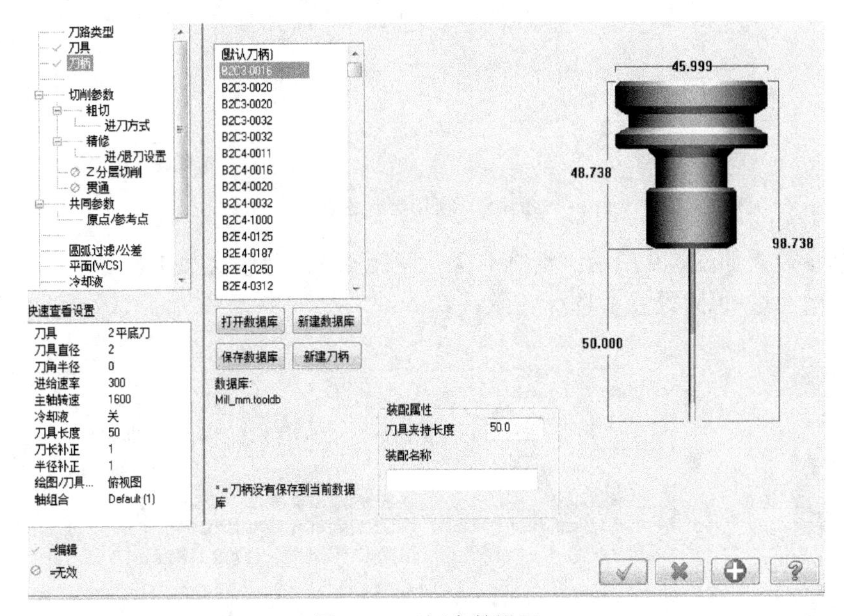

图 6-6　刀柄参数设置

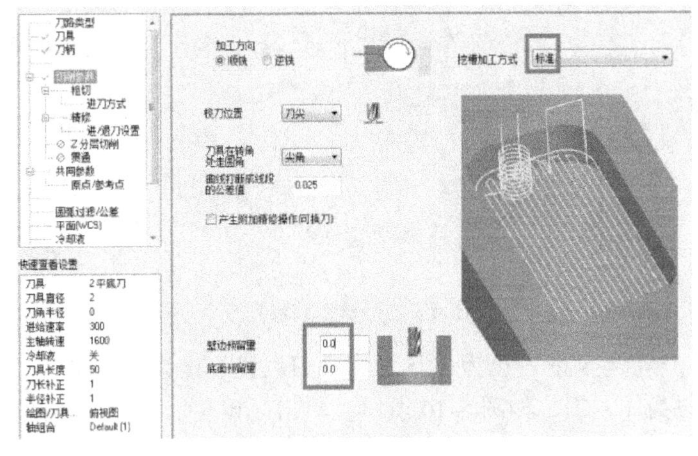

图 6-7　切削参数设置

[50.0]，[切削间距（距离）] 设为 [1.0]，其他参数采用默认设置。[进刀方式] 选择 [螺旋下刀]。

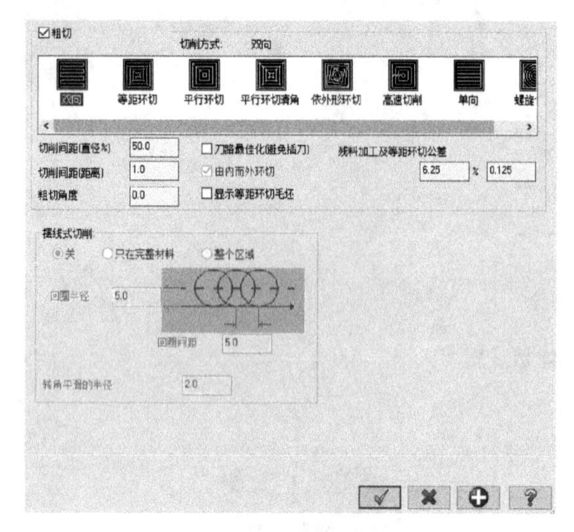

a) 双向切削方式

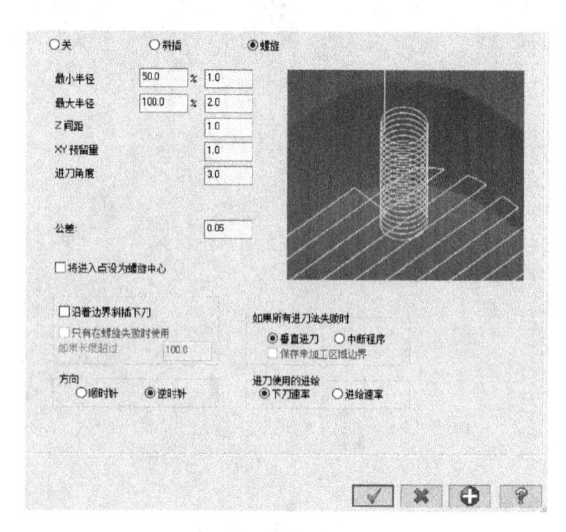

b) 螺旋下刀方式

图 6-8 粗切参数设置

② 精修参数。如图 6-9 所示，精修 1 次，间距 0.5，精修次数 1 次。[刀具补正方式] 选择 [电脑]，[进/退刀设置] 选择 [默认]。

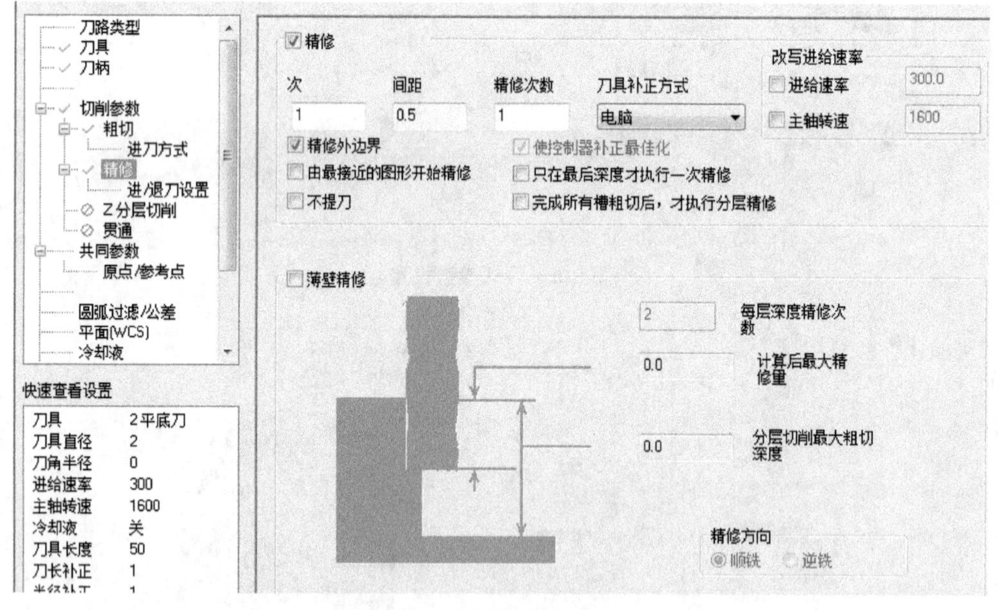

图 6-9 精修参数设置

6）共同参数。[参考高度] 设为 [25]，[下刀位置] 设为 [10.0]、[工件表面] 设为 [0.0]，[深度] 设为 [-2]，如图 6-10 所示。单击 [确定] 按钮，生成如图 6-11 所示的走刀轨迹。

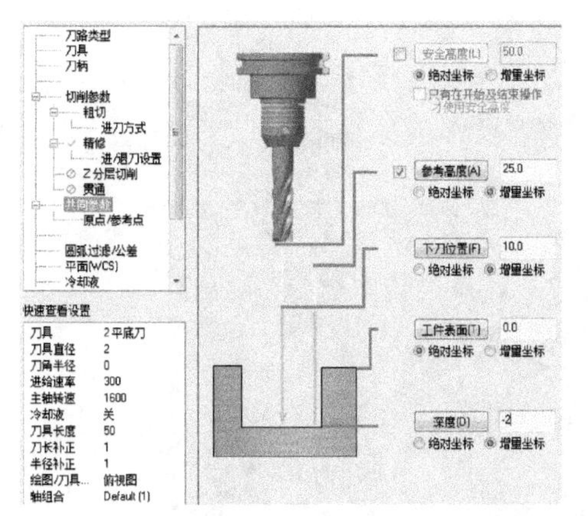

图 6-10　共同参数设置

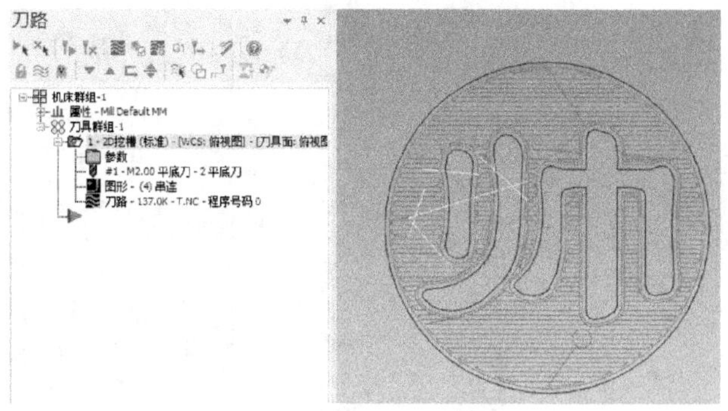

图 6-11　走刀轨迹

7）毛坯设置。如图 6-12 所示，单击［属性］→［毛坯设置］，［形状］复选框中选择［圆柱体］，［轴向］为［Z］，设置预览图中的毛坯高度为［10］，毛坯直径为［75］，设置［毛坯原点视图坐标］为［（0，0，－10）］，单击［确定］按钮，选择［等视图］，完成的工件毛坯设置如图 6-13 所示。

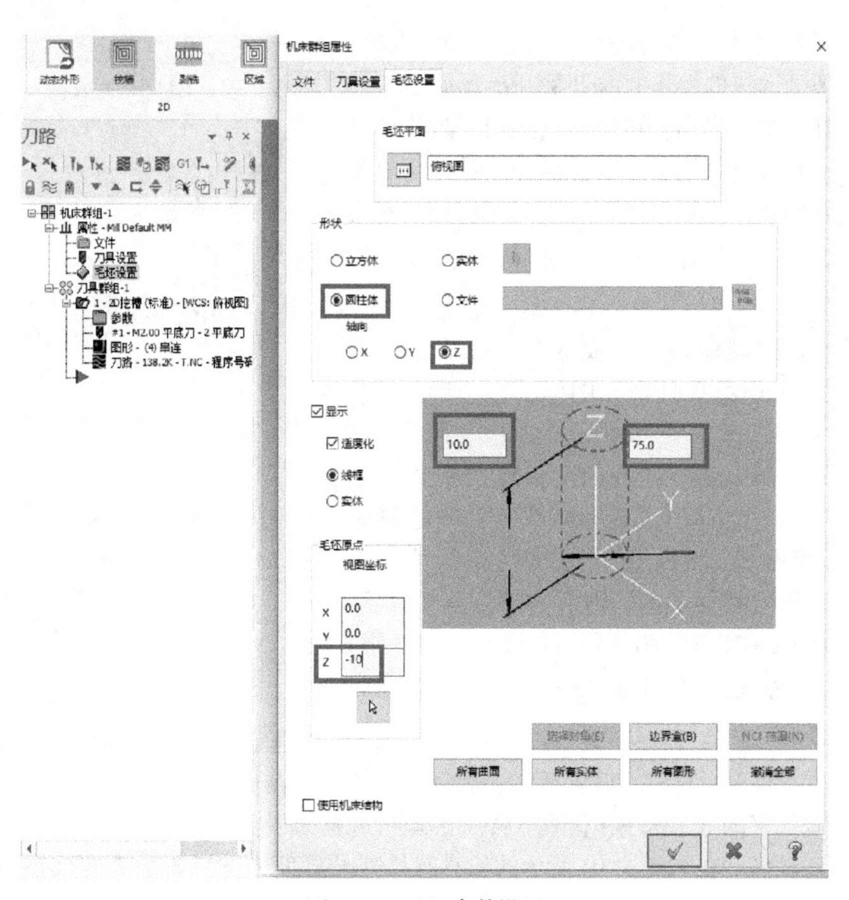

图 6-12　毛坯参数设置

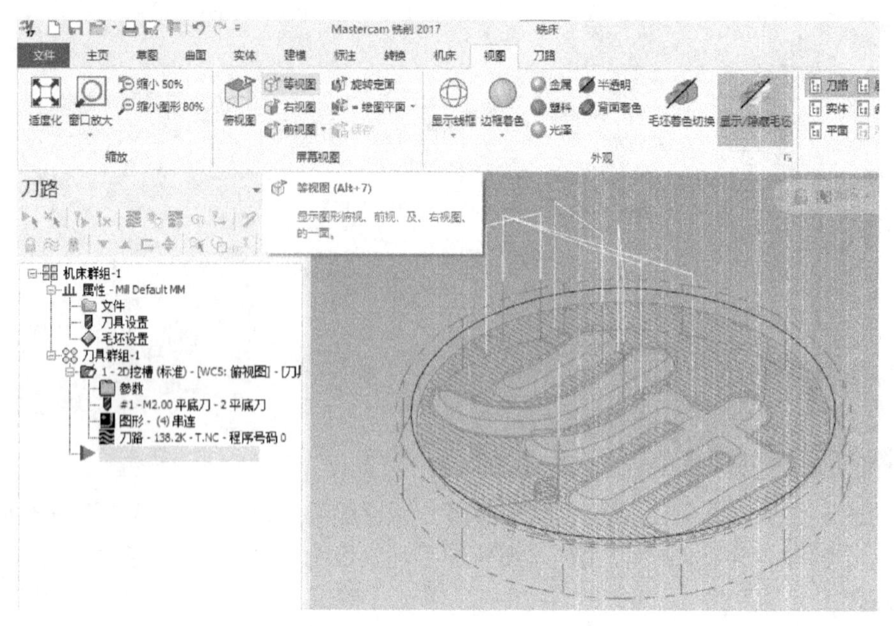

图 6-13　完成的工件毛坯设置

8）仿真加工。如图 6-14 所示，选择［2D 挖槽］群组→［验证已选择的操作］按钮后，出现如图 6-15 所示的仿真加工演示界面，可以对仿真加工过程中的刀具、毛坯、夹具进行隐藏和显示操作，进行仿真加工速度和精度调整，也可以录制仿真动画视频，单击图标，开始仿真加工，仿真加工结果如图 6-16 所示。

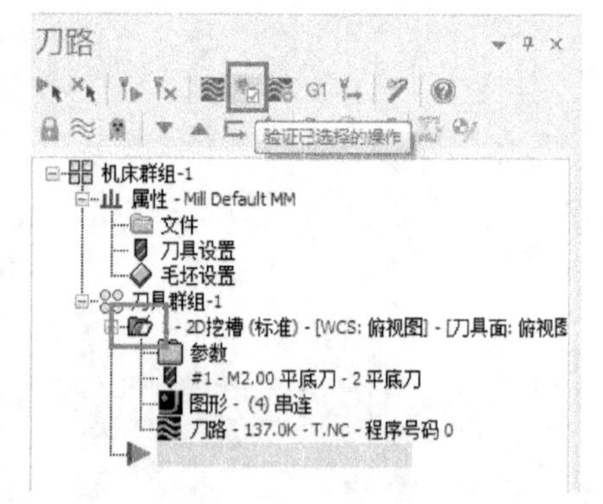

图 6-14　刀路仿真

9）利用后处理软件，生成 NC 代码。选择 G1（执行选择的操作进行后处理）图标，在［后处理程序］对话框中，选择［NC 文件］，单击［确定］按钮，保存文件［Oshuai］，生成如图 6-17 所示的 NC 代码。

10）程序修改。对于安装不同数控系统的机床，对程序要做适当的修改。对于华中 HNC－808 数控系统，将程序的开始符“%”后添加如“1234”等的数字，如果对刀过程中没有用到刀具长度补偿功能，则应去掉“G43 H1”指令，以及程序结尾的“G0 G91 G28 Z0”及“G0 G91 G28 X0 Y0”两行指令等。程序修改后的 NC 代码如图 6-18 所示。

3. 在数控仿真软件中运行程序

斯沃数控仿真软件可以模拟机床的各种操作和加工过程，具有手动编程，导入程序模拟加工，加工中心换刀、对刀、设置毛坯、运行程序等机床操作。

加工“帅”字的 NC 程序在仿真软件中的运行过程如下：

（1）打开软件　在如图 6-19 所示的仿真软件登录界面中选择要仿真的数控系统，输入用户名和密码及服务器 IP 地址，单击［运行］按钮，进入如图 6-20 所示的数控仿真软件操作界面。操作界面的左侧为机床加工模拟显示区，右侧为模拟机床操作面板及显示器。该软

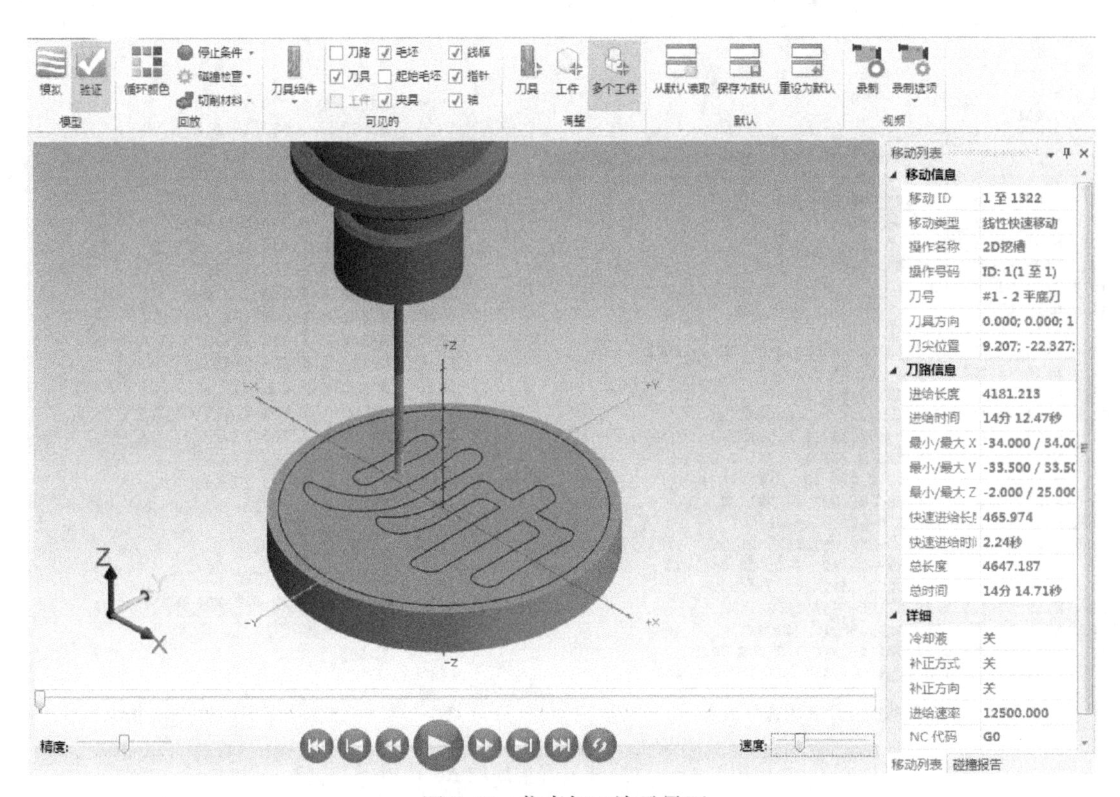

图 6-15　仿真加工演示界面

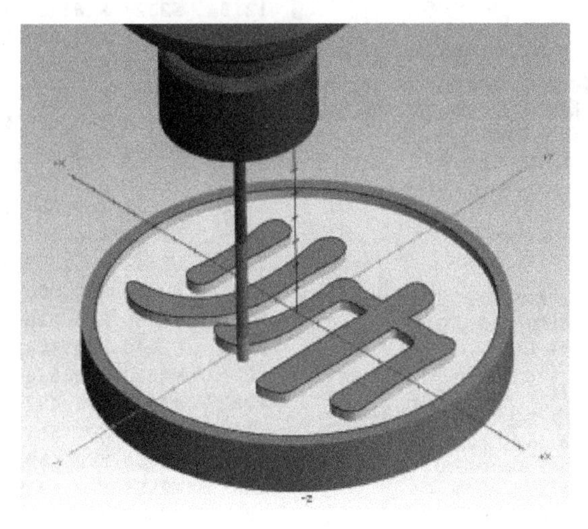

图 6-16　仿真加工结果

件选择的是华中 HNC－808 数控系统的三轴加工中心来模拟加工。图 6-21 为仿真软件的操作按键示意图，其功能和操作方法与实体数控系统相同。

(2) 准备运行　将［开机］、［急停］开关旋起，按［复位］键，机床恢复正常运行状态。

(3) 机床回参考点　单击［回参考点］键，分别按 Z、X、Y 轴的 ⇧、⇦、⬀ 方向键，让机床各轴回到参考点位置。

```
1    %
2    O0001
3    (DATE=DD-MM-YY - 03-08-20 TIME=HH:MM - 15:37)
4    (MCX FILE - F:\BAKE\新建文件夹\本地磁盘\2020\2020数控技术实验
5    (NC FILE - D:\2020\2020数控技术实验\MASTERCAM编程实验\OSHUA
6    N100 G0 G17 G40 G49 G80 G90 G54
7    N102 T1 M6
8    N104 S1600 M3
9    N106 X8.855 Y-23.308
10   N108 G43 H1 Z20.
11   N110 Z5.
12   N112 G1 Z1. F200.
13   N114 G3 X7.129 Y-22.319 Z.891 I-1.726 J-1.012
14   N116 X5.128 Y-24.32 Z.726 I0. J-2.001
15   N118 X7.129 Y-26.321 Z.561 I2.001 J0.
16   N120 X9.13 Y-24.32 Z.397 I0. J2.001
17   N122 X8.855 Y-23.308 Z.341 I-2.001 J0.
18   N124 X7.129 Y-22.319 Z.232 I-1.726 J-1.012
19   N126 X5.128 Y-24.32 Z.068 I0. J-2.001
20   N128 X7.129 Y-26.321 Z-.097 I2.001 J0.
21   N130 X9.13 Y-24.32 Z-.261 I0. J2.001
22   N132 X8.855 Y-23.308 Z-.317 I-2.001 J0.
23   N134 X7.129 Y-22.319 Z-.426 I-1.726 J-1.012
24   N136 X5.128 Y-24.32 Z-.591 I0. J-2.001
25   N138 X7.129 Y-26.321 Z-.756 I2.001 J0.
26   N140 X9.13 Y-24.32 Z-.92 I0. J2.001
27   N142 X8.855 Y-23.308 Z-.976 I-2.001 J0.
28   N144 X7.129 Y-22.319 Z-1.085 I-1.726 J-1.012
```

a) 修改前的程序头的部分指令

```
1219   N2526 X-7.079 Y-14.982
1220   N2528 X-7.922 Y-14.271
1221   N2530 X-8.45 Y-13.553
1222   N2532 X-8.669 Y-12.714
1223   N2534 X-8.432 Y-11.896
1224   N2536 X-8.096 Y-11.477
1225   N2538 X-7.654 Y-11.121
1226   N2540 X-6.26 Y-9.807
1227   N2542 X-5.043 Y-8.443
1228   N2544 X-4.388 Y-7.249
1229   N2546 X-3.678 Y-5.579
1230   N2548 X-3.108 Y-3.729
1231   N2550 X-2.688 Y-1.671
1232   N2552 X-2.432 Y.618
1233   N2554 X-2.358 Y3.161
1234   N2556 X-2.489 Y5.984
1235   N2558 X-2.673 Y7.598
1236   N2560 G3 X-4.109 Y9.293 I-1.987 J-.227
1237   N2562 G0 Z20.
1238   N2564 M5
1239   N2566 G0 G91 G28 Z0.
1240   N2568 G0 G91 G28 X0. Y0.
1241   N2570 M30
1242   %
1243
```

b) 修改前的程序尾的部分指令

图 6-17 后处理过程生成的 NC 代码

```
1    %1234
2    O0001
3    (DATE=DD-MM-YY - 03-08-20 TIME=HH:MM - 15:37)
4    (MCX FILE - F:\BAKE\新建文件夹\本地磁盘\2020\2020数控
5    (NC FILE - D:\2020\2020数控技术实验\MASTERCAM编程实验
6    N100 G0 G17 G40 G49 G80 G90 G54
7    N102 T1 M6
8    N104 S1600 M3
9    N106 X8.855 Y-23.308
10   N108 Z20.
11   N110 Z5.
12   N112 G1 Z1. F200.
13   N114 G3 X7.129 Y-22.319 Z.891 I-1.726 J-1.012
14   N116 X5.128 Y-24.32 Z.726 I0. J-2.001
15   N118 X7.129 Y-26.321 Z.561 I2.001 J0.
16   N120 X9.13 Y-24.32 Z.397 I0. J2.001
17   N122 X8.855 Y-23.308 Z.341 I-2.001 J0.
18   N124 X7.129 Y-22.319 Z.232 I-1.726 J-1.012
19   N126 X5.128 Y-24.32 Z.068 I0. J-2.001
20   N128 X7.129 Y-26.321 Z-.097 I2.001 J0.
21   N130 X9.13 Y-24.32 Z-.261 I0. J2.001
22   N132 X8.855 Y-23.308 Z-.317 I-2.001 J0.
23   N134 X7.129 Y-22.319 Z-.426 I-1.726 J-1.012
24   N136 X5.128 Y-24.32 Z-.591 I0. J-2.001
25   N138 X7.129 Y-26.321 Z-.756 I2.001 J0.
26   N140 X9.13 Y-24.32 Z-.92 I0. J2.001
27   N142 X8.855 Y-23.308 Z-.976 I-2.001 J0.
28   N144 X7.129 Y-22.319 Z-1.085 I-1.726 J-1.012
```

a) 修改后的程序头的部分指令

```
1218   N2524 X-6.336 Y-15.475
1219   N2526 X-7.079 Y-14.982
1220   N2528 X-7.922 Y-14.271
1221   N2530 X-8.45 Y-13.553
1222   N2532 X-8.669 Y-12.714
1223   N2534 X-8.432 Y-11.896
1224   N2536 X-8.096 Y-11.477
1225   N2538 X-7.654 Y-11.121
1226   N2540 X-6.26 Y-9.807
1227   N2542 X-5.043 Y-8.443
1228   N2544 X-4.388 Y-7.249
1229   N2546 X-3.678 Y-5.579
1230   N2548 X-3.108 Y-3.729
1231   N2550 X-2.688 Y-1.671
1232   N2552 X-2.432 Y.618
1233   N2554 X-2.358 Y3.161
1234   N2556 X-2.489 Y5.984
1235   N2558 X-2.673 Y7.598
1236   N2560 G3 X-4.109 Y9.293 I-1.987 J-.227
1237   N2562 G0 Z20.
1238   N2564 M5
1239   N2570 M30
1240   %
1241
```

b) 修改后的程序尾的部分指令

图 6-18 程序修改后的 NC 代码

图 6-19　仿真软件登录界面

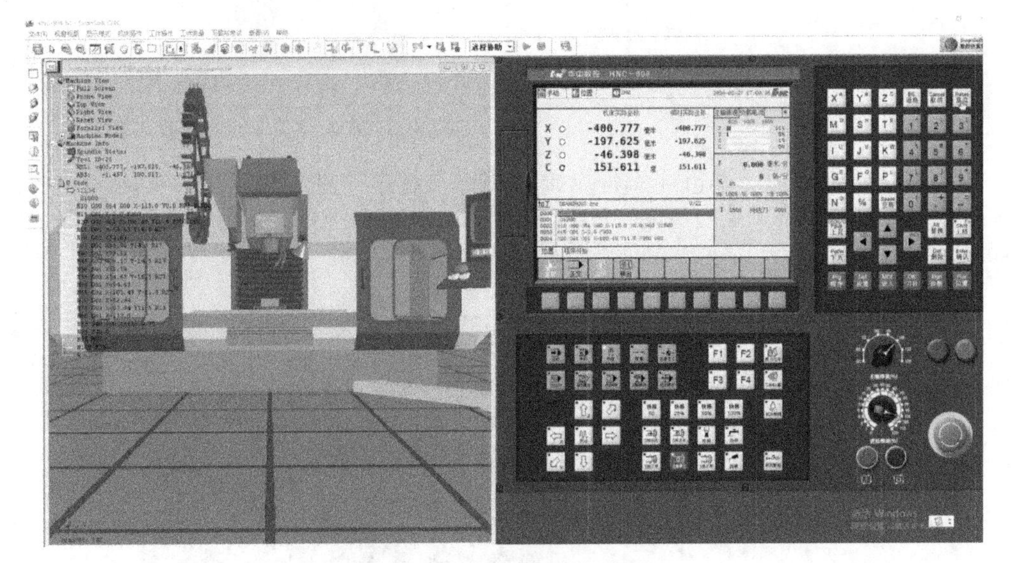

图 6-20　数控仿真软件操作界面

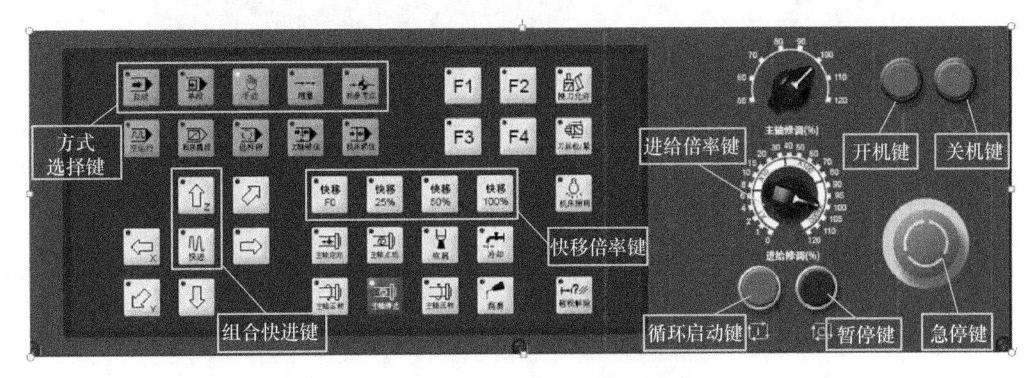

图 6-21　仿真软件的操作按键示意图

（4）加工中心对刀过程

1）设置毛坯。单击［工件设置］图标，选择［设置毛坯］功能，勾选［圆柱体］设置预览图中的毛坯高度为［10］，毛坯直径为［75］，如图6-22所示。

2）选择工件装夹方式。单击［工件装夹］图标，选择［工艺板装夹］方式，如图6-23所示。

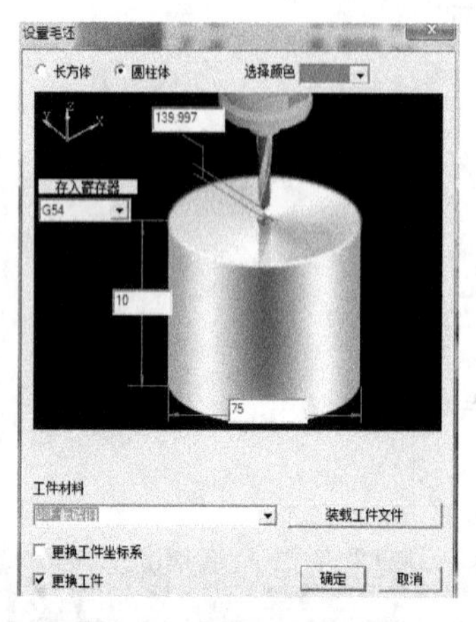

图6-22　毛坯设置界面

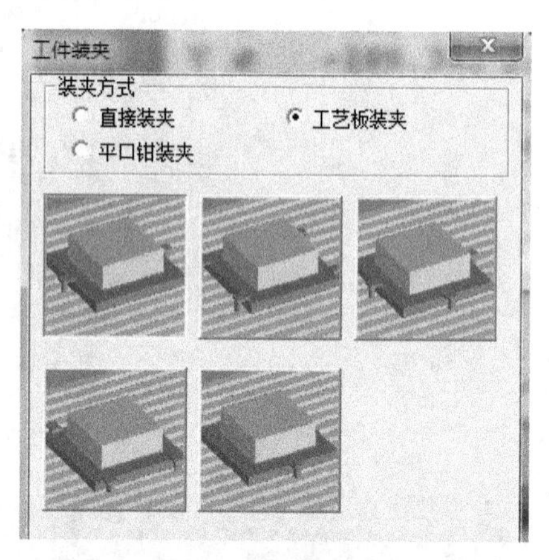

图6-23　工件装夹方式选择

3）安装寻边器对刀。单击［工件设置］图标，选择［寻边器选择］功能（图6-24），弹出［寻边器选择］对话框，选择［OF-20］光电寻边器（图6-25），将寻边器安装到机床主轴。

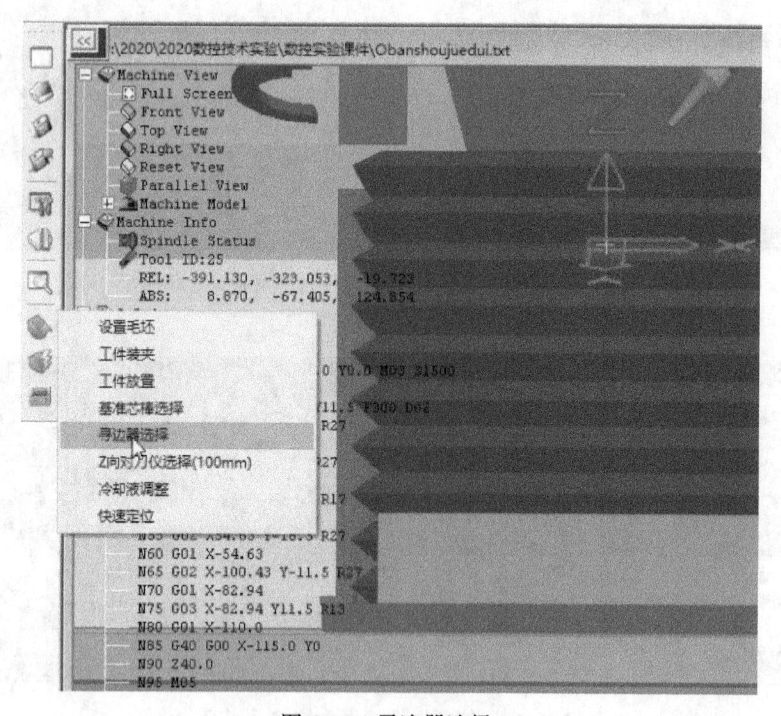

图6-24　寻边器选择

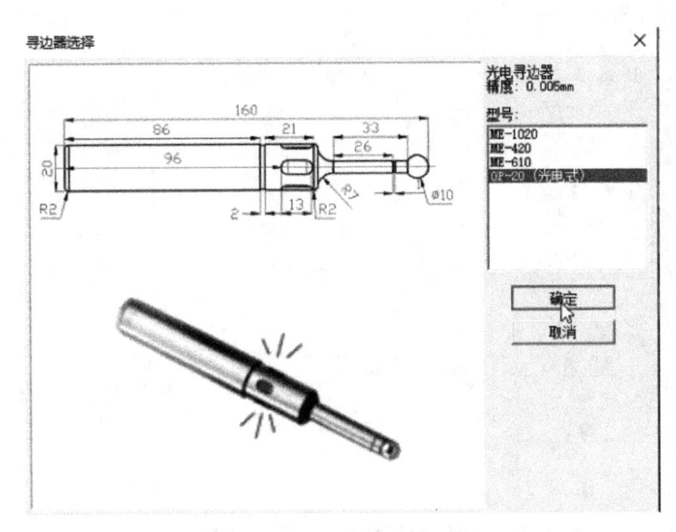

图 6-25　选择光电寻边器

4）设置 X、Y 轴工件坐标系。利用手轮控制 X、Y 轴移动，使光电寻边器触碰圆形毛坯两侧（图 6-26），当光电寻边器接触到工件边缘时，红色指示灯亮，此时记录机床的坐标值，利用分中法分别完成 X、Y 轴工件坐标系零点设置。

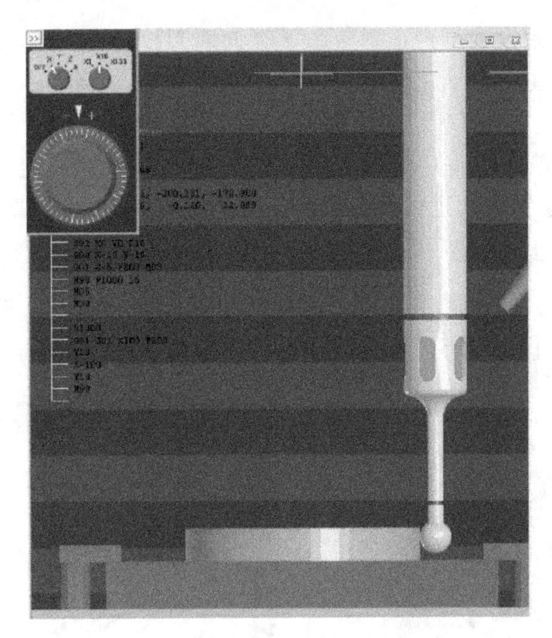

图 6-26　光电寻边器触碰圆形毛坯

5）卸下寻边器，安装加工刀具。单击图标［工件设置］、［卸下寻边器］，完成寻边器卸载。单击图标［刀具管理］，弹出如图 6-27 所示的［刀具库管理］对话框，选择直径为 2mm 的［端铣刀］，将其添加到主轴。

6）安装 Z 向对刀仪，设置 Z 轴工件零点。单击图标［工件设置］、［Z 向对刀仪选择（100mm）］，将高度为 100mm 的对刀仪添加到工件上表面（图 6-28）。利用手轮，控制刀具

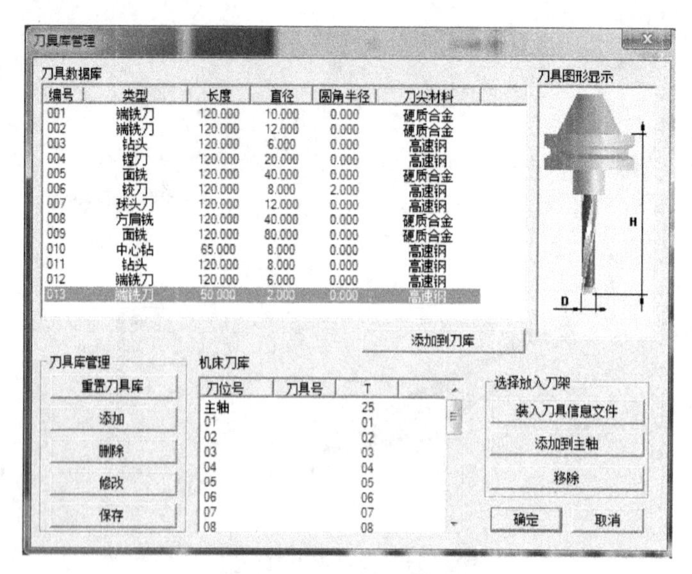

图 6-27 加工刀具选择

缓慢下降，当刀尖触碰到 *Z* 向对刀仪上表面时，红色指示灯亮。将光标移动到［*Z* 轴工件坐标系］设置栏，单击［偏置输入］，设置［偏置值］为［100］，单击［确定］按钮，完成 *Z* 轴工件零点设置。

（5）验证工件坐标系设置是否正确 卸下 *Z* 向对刀仪，在 MDI 方式下输入如下指令：

G90 G00 G54 X0 Y0 S2000 M03；

G01 Z5 F200；

在自动运行方式下单击［程序运行］键，运行程序，观察刀尖停留位置是否为工件坐标系下（0，0，5）的位置，即工件圆形毛坯中心正上方 5mm 的位置。

4. 加工程序导入与运行

单击［程序］按键，新建程序名为［OTEMP］的程序并打开，选择［程序］菜单，选择文件［Oshuai］导入［OTEMP］中，如图 6-29 所示。

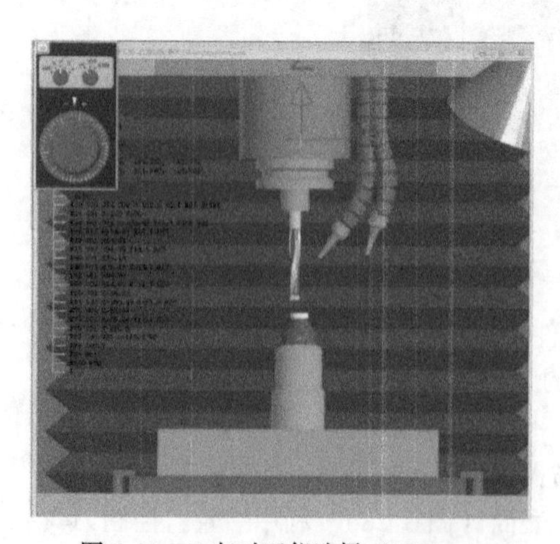

图 6-28 *Z* 向对刀仪选择（100mm）

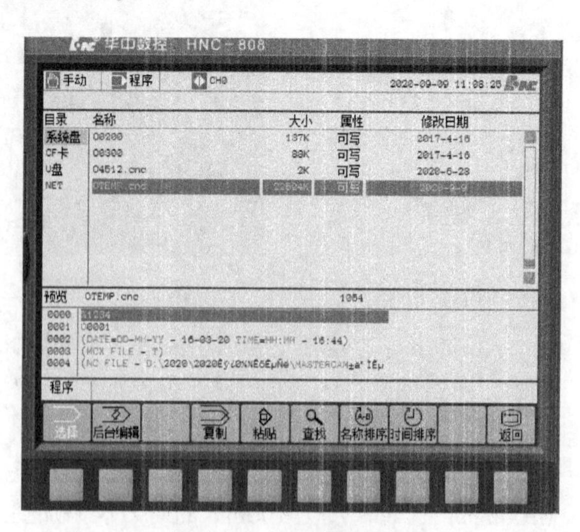

图 6-29 加工程序导入

关闭舱门，在［自动方式］下单击［程序运行］键，模拟象棋加工过程（图 6-30），图 6-31 所示是加工成品显示图。加工过程中能够显示飞溅的切削屑，还可以模拟切削声音。模拟切削正确无误后，将程序导入加工中心，进行实际切削。

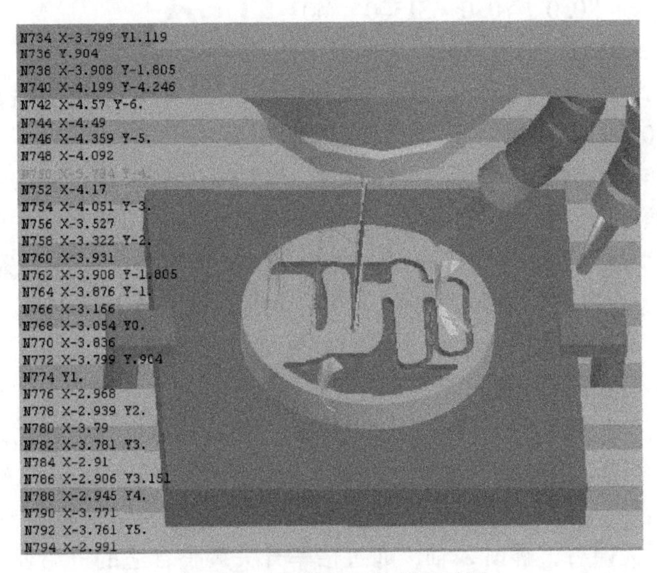

图 6-30　象棋加工过程显示图

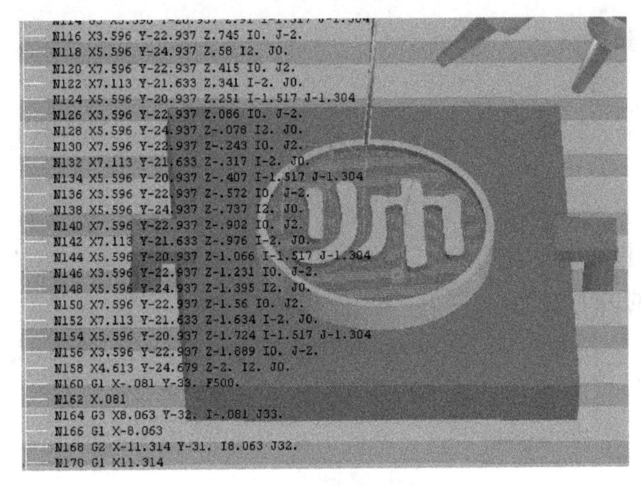

图 6-31　加工成品显示图

四、机床操作及象棋棋子加工

项目训练用机床型号为华中 HNC－808 数控系统的 ZJK7532 数控钻铣床，其操作方法在项目一中已详述，此处不再叙述。这部分主要针对象棋棋子介绍其加工过程中的主要步骤和注意事项。

1）机床开机，控制各轴返回参考点，建立机床坐标系。

2）将工件安装到机床工作台的合适位置（避免各轴超程）。

3）设置工件坐标系（G54）。利用分中法设置 *X*、*Y* 轴的工件坐标系零点，利用 *Z* 向对刀仪设置 *Z* 轴工件坐标系零点。

4）检验工件坐标系设定是否正确，在 MDI 方式下输入以下程序代码：

G90　G00　G54　X0.0　Y0.0　S1500　M03；

G01　Z5.0　F300；

在自动运行方式下，按［输入］键，［循环启动］键，运行程序，观察刀尖是否能运行至工件坐标系下（0，0，5）的位置。

5）将在数控仿真系统中验证过的［Oshuai］程序通过 USB 接口导入数控系统。

6）设定加工演示图形参数。为了使加工显示图形能位于 CRT 屏幕中间位置，且显示比例合适，需要在自动运行程序前设置图形参数，具体步骤为：选择［设置］→［参数］→［图形参数］，［起点］为工件坐标系坐标，将［比例］设为［2］。加工显示视图可以进行如下切换，［1］代表 *XYZ* 视图，［2］代表 *XY* 视图，［3］代表 *YZ* 视图，［4］代表 *XZ* 视图，［5］能同时显示上述四种视图。

7）程序试运行。将机床刀尖抬高到适当位置，将 *Z* 轴锁住，在自动运行方式下运行程序。在程序运行过程中，观察走刀轨迹和 CRT 显示图形，判断程序是否正确并检查语法错误。

8）程序试运行无误后，解锁 *Z* 轴，通过倍率开关调整合适的进给速度，运行程序，加工零件。

五、项目内容

1）利用 Mastercam 软件，练习象棋棋子“帅”字的建模、加工参数设置及 NC 代码生成过程。

2）学会圆形毛坯的对刀方式。

3）设计一种二维图案，利用 Mastercam 软件完成自动程序生成，熟练操作数控仿真软件，完成二维图案的仿真加工。

4）在给定直径为 75mm、厚度 10mm 的圆形毛坯上，操作 ZJK7532 数控钻铣床，完成零件加工。

“CAD/CAM 软件应用及自动编程”项目作业

日期：______年____月____日　　　　　　　　　　　指导教师：________

班级：________姓名：________学号：__________成绩：________

一、项目目标

二、项目内容

三、思考题

1）挖槽加工方式有几种？

2）标准挖槽的切削方式有哪些？

3）数控钻铣床的对刀方法有哪些？至少举两个例子简述对刀过程。

四、简述象棋棋子加工过程

五、提交资料

提交二维图案的 CAD 建模图、仿真加工演示图、数控机床加工过程演示图、零件加工成品照片，并提交零件数控仿真软件中的加工视频。

六、项目心得体会

数控机床误差测量及补偿

一、项目目标

1）了解数控机床的精度标准。
2）熟悉数控机床的误差测量方法。
3）理解典型数控系统的误差补偿原理。
4）提高数控技术工程实践能力。

二、项目原理

（一）数控机床精度

数控机床的精度包括几何精度、传动精度、定位精度、重复定位精度以及工件精度等，不同类型的机床对各项精度要求略有不同。

机床的几何精度是保证加工精度最基本的条件，它反映机床的关键机械零部件（如床身、溜板、立柱、主轴箱等）的几何误差及其组装后的几何误差，包括工作台面的平面度，各坐标方向上移动的相互垂直度，工作台面 X、Y 坐标方向上移动的平行度，主轴的径向圆跳动、主轴轴向的窜动，主轴箱沿 Z 坐标方向移动时的平行度，主轴在 Z 坐标方向移动的直线度和主轴回转轴线对工作台面的垂直度等。

传动精度是传动链误差要素实际值与理论值的接近程度，主要包括传动误差和空程误差两部分。传动误差是指输入轴单向回转时，输出轴转角的实际值相对于理论值的变动量。空程误差是与传动误差既有联系又有区别的另一类误差，空程误差可以定义为输入轴由正向回转变为反向回转时，输出轴在转角上的滞后量。由于数控机床丝杠在制造、安装和调整方面的误差及磨损等原因，造成机械正、反向传动误差不一致，导致零件加工精度误差不稳定。

数控机床的定位精度是指机床运动部件在数控系统控制下运动时，所能达到实际位置的精度。实际位置与预期位置之间的误差称为定位误差，该指标反映了机床的固有特性。数控机床和坐标测量机对定位精度必须有很高的要求。

机床重复定位精度是指机床主要部件在多次（五次以上）运动到同一终点，所达到实际位置之间的最大误差，它反映了机床轴线精度的一致性，是一种呈正态分布的偶然性误差，会影响批加工产品的一致性。机床重复定位精度反映出机床伺服系统特性、进给系统间隙与刚性、运动部件的摩擦特性等的综合影响。

机床的几何精度、传动精度、定位精度和重复定位精度通常是在没有切削载荷以及机床不运动或运动速度较低的情况下检测的，因此一般称之为机床的静态精度。静态精度主要取决于机床上主要零部件的制造精度以及装配精度，如主轴及其轴承、丝杠螺母、齿轮以及床身等。

静态精度主要是反映机床本身的精度，也可以在一定程度上反映机床的加工精度，但机床在实际工作状态下，还有一系列因素会影响加工精度。

机床在外载荷、温升及振动等作用下的精度，称为机床的动态精度。动态精度除与静态精度有密切关系外，还在很大程度上取决于机床的刚度、抗振性和热稳定性等。

在数控机床调试及应用中，首先要进行静态精度的检测和提高。静态精度的检测主要包括定位精度和重复定位精度检测；提高静态精度的最有效的措施是误差补偿，典型数控系统都将滚珠丝杠的反向间隙补偿和螺距误差补偿作为最基本的功能。

（二）数控机床精度检测常用测量仪器及方法

定位精度和重复定位精度的检测不仅是评价数控机床加工精度等级的重要手段，也是对数控机床进行误差补偿的前提和基础。按照国际标准及惯例，数控机床的精度检测目前通常遵循 ISO 230－2：2014 和 GB/T 17421. 2—2016 标准。根据不同要求和工作条件，常用的检测手段有以下三种：

1. 测微仪和标准尺测量

测微仪和标准尺测量如图 7-1 所示。

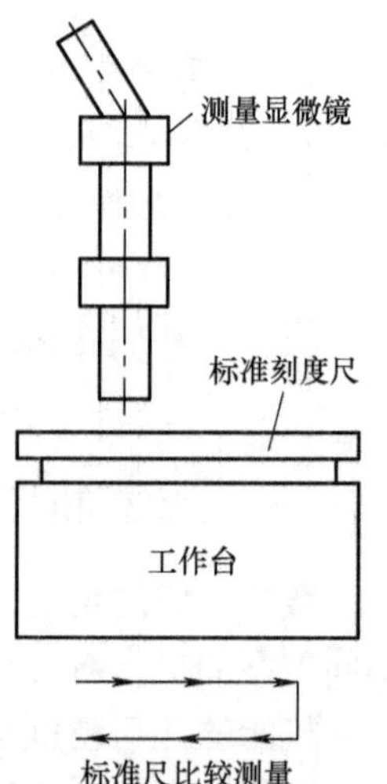

图 7-1 测微仪和标准尺测量

2. 步距规测量

采用步距规测量精度是传统的测量方法，但 GB/T 17421. 2—2016 规定各测量目标点间的距离不等，对步距规的制造提出了更加苛刻的要求，并导致测量不方便；采用步距规必须对读表数据进行估算才能得到测量目标点的位置数据，因此也会引入测量误差（存在换算因子，会引入换算误差）。步距规结构如图 7-2 所示，步距规安装如图 7-3 所示，要求步距规的轴线与 X 轴的轴线平行（公差 0. 02mm）。

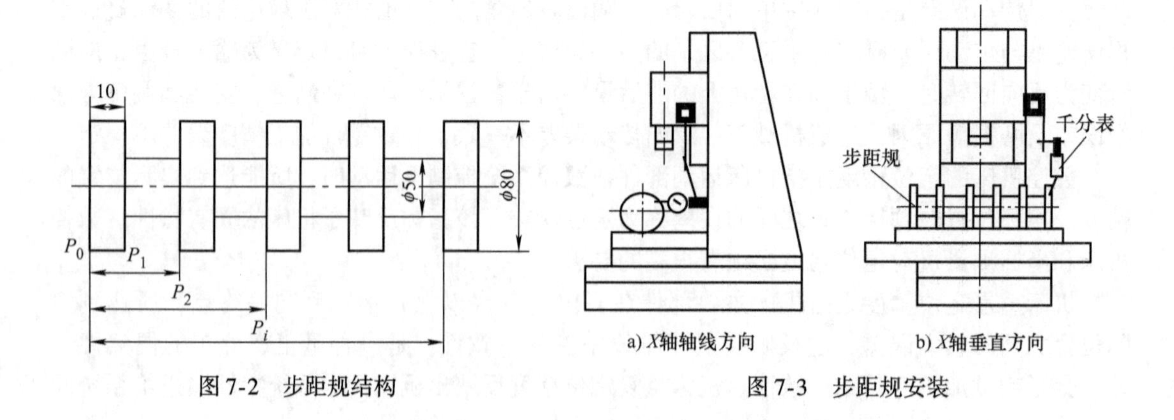

图 7-2 步距规结构

图 7-3 步距规安装

3. 双频激光干涉仪测量

如图 7-4 所示，用激光干涉仪测量机床精度完全能满足 GB/T 17421.2—2016 的要求，且测量精度高，一致性好，不受机床行程大小的影响，是目前机床行业普遍采用的方法。激光干涉仪的光路及工作原理如图 7-5 所示。

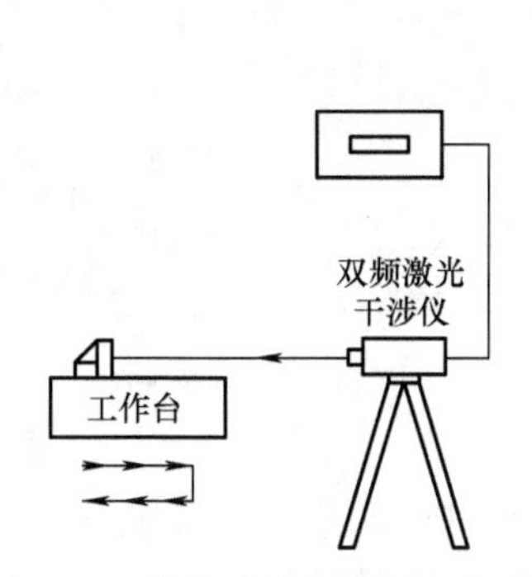

图 7-4　激光干涉仪测量示意图

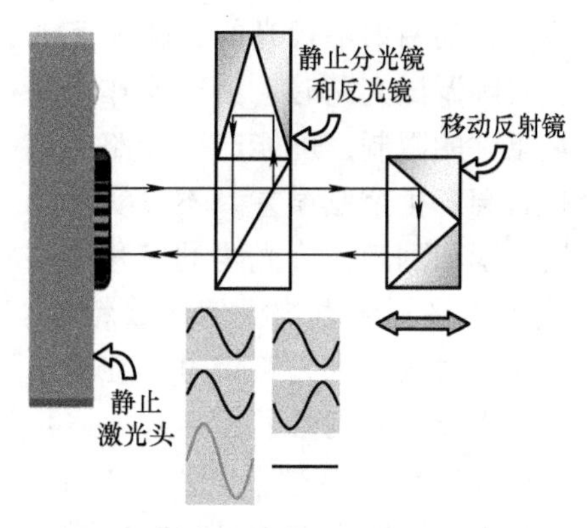

图 7-5　激光干涉仪的光路及工作原理

上述三种方法中，无论使用什么仪器，数控机床精度的主要测量数据都是机床各轴线测量点的实际位置数据，具体的测量方式按照 GB/T 17421.2—2016 进行，有两种检验循环方式，分别是标准检验循环和阶梯循环。

（三）数控机床滚珠丝杠反向间隙及螺距误差的测量

在半闭环数控加工系统中，加工定位精度很大程度上受到滚珠丝杠精度的影响。一方面，滚珠丝杠本身存在制造误差，另一方面，滚珠丝杠经长时间使用磨损后精度下降。因此必须对数控机床的定位精度进行检测，并对数控系统进行螺距误差补偿，提高数控机床加工精度。

反向间隙及螺距误差属于定位精度的范畴，对它们的测量实际是对定位精度及重复定位精度的测量，定位精度及重复定位精度的测量仪器有激光干涉仪、标准线纹尺和步距规。随着检测技术的发展，目前机床生产厂家普遍采用激光干涉仪，但由于激光干涉仪价格昂贵，机床用户大多采用标准线纹尺或步距规，也会用一些变通的方法，如高精度光栅尺。

1. 双频激光干涉仪检测机床定位精度

（1）检测步骤

1）安装与调节双频激光干涉仪。

2）预热双频激光干涉仪，输入测量参数。

3）在机床处于运动状态时，对机床的定位精度进行测量。

4）输出数据处理结果。

（2）测量方法

1）双频激光干涉仪安装调试。双频激光干涉仪的线性折射镜和线性反射镜的安装应尽量选择机床测量轴线位置（刀具实际工作范围内），可以减少阿贝误差（图 7-6）。线性折射镜一般安装在机床固定位置上（机床主轴位置），线性反射镜一般安装在机床可动位置上

（机床回转刀架位置）。需要特别指出的是线性折射镜与激光头安装位置应尽量靠近，因为它们之间有盲区，将使双频激光干涉仪自动补偿功能无法进行，产生死程误差。在调试线性折射镜和线性反射镜的光路时，应尽量使激光头发射的两束平行光的光路相互一致。但是在实际调试光路时，由于操作水平及安装环境条件的限制，可能产生光路的偏移，同时也就会产生余弦误差。不过实际测量试验证明，返回到激光头光路的偏移量在0.5mm范围内，将不会影响机床测量精度。如果光路偏移量过大，则光路信号不在测量区域范围内，也就无法测量了。

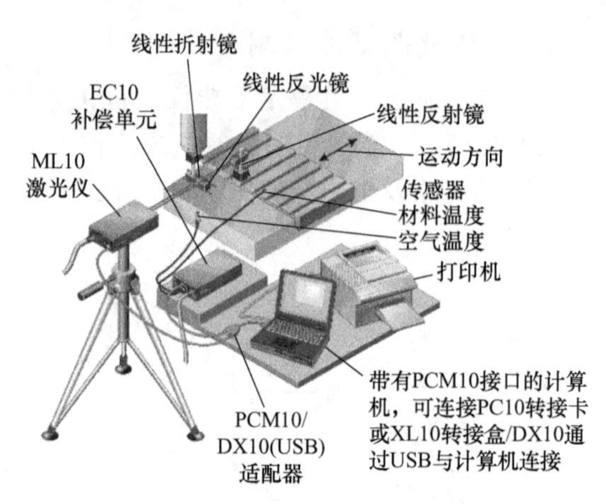

图7-6　激光干涉仪安装调试

2）确定测量目标位置。根据GB/T 17421.2—2016标准规定，机床规格尺寸小于1000mm时，取不少于10个测量目标位置，大于1000mm时，测量目标位置点数适当增加，一般目标值取整数。建议在目标值整数后面加上三位小数，主要考虑到机床滚珠丝杠的导程及编码器的节距所产生的周期误差，同时考虑到能在机床全程各目标位置上采集到的数据有足够的精度。

3）确定采集移动方式。采集数据方式有两种：一种是线性循环采集方法，另一种是线性多阶梯循环方法。标准检验循环如图7-7所示，GB/T 17421.2—2016评定标准中采用线性循环采集方法。线性循环采集测量移动方式为：沿着机床轴线快速移动，分别对每个目标位置从正、负两个方向上重复移动五次，测量出每个目标位置偏差（即运动部件达到实际位置与目标位置之差）。

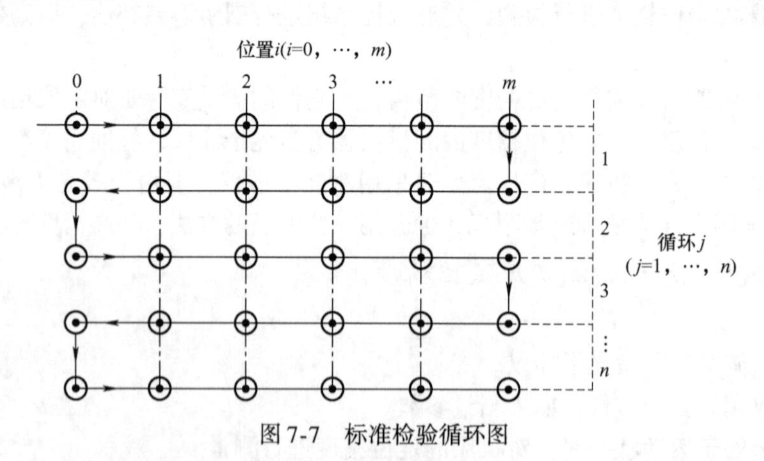

图7-7　标准检验循环图

4）测试数据。双频激光干涉仪带有自己的测试软件，其测试和评定均由计算机完成，可生成误差曲线，图7-8所示为某机床用双频激光干涉仪测试的某轴重复周期误差。

2. 光栅尺测试机床定位精度

由于双频激光干涉仪价格昂贵，对测试环境敏感，调试麻烦，为了满足使用要求，本项

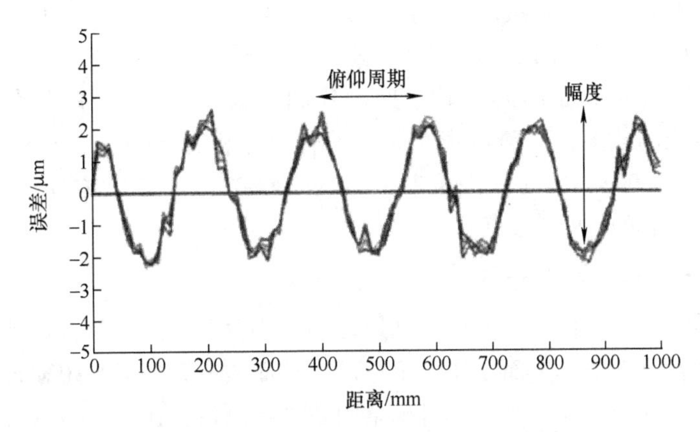

图 7-8　双频激光干涉仪测试的某轴重复周期误差

目采用光栅尺进行机床定位精度测试。

光栅尺广泛应用于精密机床、现代加工中心以及测量仪器等方面，可用作直线位移或者角位移的检测，其测量输出的信号为数字脉冲，具有检测范围大、检测精度高、响应速度快的特点。光栅尺由标尺光栅和光栅读数头组成，标尺光栅一般固定在机床活动部件上，光栅读数头装在机床固定部件上，指示光栅装在光栅读数头中。测量时以标尺光栅作为测量的比较基准，将标尺光栅安装于数控机床的活动部件（如直线工作台）上，并用千分表找正。光栅读数头通过安装支架与数控机床固定部件相连，调整光栅读数头与标尺光栅的间距，使其处于最佳的工作状态。若采用德国 HEIDENHAIN 公司生产的光栅尺对机床定位精度和重复定位精度进行检测，直线光栅尺的栅距 0.02mm，加上后续的电子细分电路，则检测分辨率可达 0.0001mm，检测精度可达 0.001mm。光栅尺测试装置如图 7-9 所示。

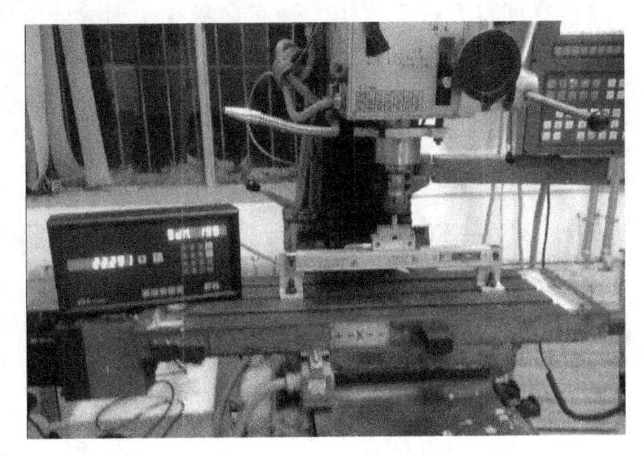

图 7-9　光栅尺测试装置

机床定位精度的检测数据靠人工读取，以光栅尺的读数为基准，以数控机床系统的显示坐标为参考。

三、项目内容

1. 光栅尺安装调试

安装光栅尺时，不仅要保证其安装基面的平整度，还要确保其安装后的同轴度或平行度，并用千分表找正，使其安装误差处于允许的范围之内。以直线光栅尺的安装为例，将标尺光栅用 M8 螺钉固定在主轴工作台的安装基面上，但不要拧紧，将千分表固定在床身上，移动工作台（标尺光栅与工作台同时移动），用千分表测量标尺光栅平面与机床导轨运动方向的平行度，调整标尺光栅M8螺钉的位置，使标尺光栅平行度误差在0.1mm/1000mm以内时，把M8螺栓拧紧。读数头的安装与标尺光栅相似。最后调整读数头，使其与标尺光栅的平行度误差保证在0.1mm/1000mm之内、间隙控制在1～1.5mm以内。为了防止损坏光栅尺，还应设定好机床的软限位。项目用光栅尺的有效行程为240mm，华中8型数控系统正向软限位参数号为100006，负向软限位参数号为100007，在*X*轴方向分别设定为“230”“-5”（注意：*X*轴为负向回参考点）。

2. 反向间隙误差测量及补偿

在进给传动链中，齿轮传动、滚珠丝杠螺母副等均存在反向间隙，这种反向间隙会造成在工作台反向运动时电动机空走而工作台不运动，从而造成开环或半闭环系统的误差。解决这一问题的方法是，在调整和预紧后，对剩余间隙进行测量，作为参数输入数控系统，每当机床反向运动时，数控系统就控制电动机多走一个间隙值，从而补偿掉间隙误差。

以*X*轴为例，测量和补偿的步骤是：

1）在回零方式下，使数控机床测量轴回参考点，调整*X*轴至合适位置。

2）测量前要将300000号参数置零（[0]表示反向间隙补偿功能禁止；[1]表示常规反向间隙补偿）。设置参数具体过程为：进入[设置]菜单→[参数]→[系统参数]→[输入密码]→[HNC8]。

3）参数修改完成后按[保存]键，再按[复位]键（复位后设置的参数才生效）。

4）在回零方式下，使*X*轴回参考点（测试从参考点开始）。

5）在自动运行方式下调用程序名为OFXJXCS的测试程序，记录下光栅尺的位置数据*A*及位置数据*B*，如图7-10所示。

OFXJXCS程序如下：

```
%1234;                          //程序头
N05  G92  X0  Y0  Z0;           //建立临时坐标系
N10  G91  G01  X10  F200;       //X轴以200mm/min速度正向移动10mm
N20  X15;                       //X轴再移动15mm
N30  G04  P5000;                //暂停5s（准备读数）
N40  X1;                        //X轴正向移动1mm
N50  G40  P5000;                //暂停5s（读数据A）
N60  X-1;                       //X轴负向移动1mm
N70  G04  P5000;                //暂停5s（读数据B）
M30;                            //程序结束
```

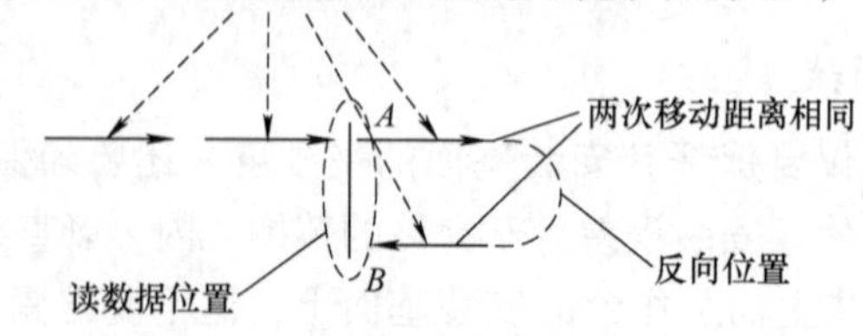

图7-10　反向间隙测量方法

6）从零点开始，连续测试九次，计算反向间隙误差值 = | 数据 A -数据 B |，将该误差值填入表 7-1 内，并计算反向间隙九次测量的平均值。

表 7-1　反向间隙误差测试数据表

测量点	1	2	3	4	5	6	7	8	9	平均值
测试值										

7）反向间隙补偿。在华中 8 型数控系统中，反向间隙补偿具体操作为：

① 设定反向间隙补偿类型，即进入 300000 号参数，将其设置为［1］（常规反向间隙补偿）。

② 将测量的反向间隙补偿值输入 300001 号参数，单位为 mm。

③ 进入 300002 号参数，将其设置为［0］，补偿在一个插补周期内完成；如果冲击过大，则可通过修改此参数，使反向间隙补偿在 N 个插补周期内完成；N = 反向间隙补偿值/反向间隙补偿率。

8）保存参数并复位系统，补偿参数生效。

重复步骤 4）~6），将补偿后的反向间隙误差测试数据填入表 7-2 中，比较第二次计算的误差值和第一次计算的误差值，看有何变化。

表 7-2　补偿后的反向间隙误差测试数据表

测量点	1	2	3	4	5	6	7	8	9	平均值
测试值										

3. 螺距误差测量与补偿

在半闭环系统中，定位精度很大程度上会受滚珠丝杠的制造精度的影响，而提高滚珠丝杠的制造精度会大幅度提高成本。利用数控系统的螺距误差补偿功能，往往能达到事半功倍的效果。螺距误差补偿的原理就是将数控机床某轴的指令位置与高精度测量系统所测得的实际位置相比较，计算出全行程上的误差分布曲线，将误差以表格的形式输入数控系统中，之后数控系统在控制该轴运动时，会自动计算该差值并加以补偿，测量方法如图 7-11 所示。本项目采用的是螺距误差双向补偿功能。

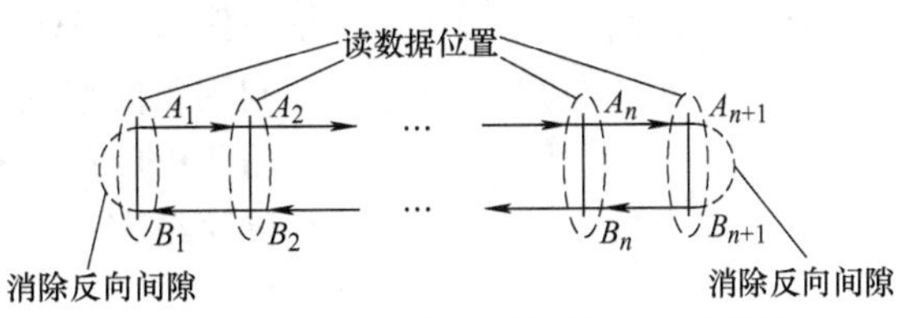

图 7-11　螺距误差测量方法示意图

以 X 轴为例，测量和补偿的步骤是：

1）开机后机床回参考点，然后调整 X 轴至合适测量位置。

2）测量前要将反向间隙补偿 300000 号参数设置为［0］（测量螺距误差前，应先禁止该轴上的其他各项误差补偿功能）。

3）将 X 轴与螺距误差有关的参数 300020 设置为［0］（［0］表示螺距误差补偿功能禁止），保存参数并系统复位，修改后参数生效。

4）在回零方式下，使机床 X 轴回参考点。

5）在 X 轴的有效行程 230mm 内，取补偿间隔 20mm，共有 12 个补偿点，各坐标点的坐标依次为0，20，40，60，80，100，120，140，160，180，200，220（机床若为正向回参考点时，坐标应为负值）。

6）在自动运行方式下，运行测量螺距误差的程序LUWCCS，将各测量补偿点处的光栅尺读数记录在表7-3内，并根据螺距误差补偿值=机床坐标值-光栅尺测量值的公式计算螺距误差，填入表7-3内。

表7-3 螺距误差数据表

补偿点	0	20	40	60	80	100	120	140	160	180	200	220
正向量值												
正向差值												
负向量值												
负向差值												

螺距误差测量程序LUWCCS如下：

```
%0123;                          //文件头
G92  X0  YO  Z0;                //建立临时坐标系，坐标原点应该在参考点位置
G91  G01  X-1  F2000;           //X轴负向移动1mm
G04  P5000;                     //暂停5s
G01  X1;                        //X轴正向移动1mm，返回测量位置，并消除反向间隙
G04  P5000;                     //暂停5s，记录光栅尺位置数据
M98  P1111  L11;                //调用正向移动子程序11次，子程序名为1111
G01  X1  F1000;                 //X轴正向移动1mm
G04  P5000;                     //暂停5s
G01  X-1;                       //X轴负向移动1mm，返回测量位置，并消除反向间隙
G04  P5000;                     //暂停5s，记录光栅尺位置数据
M98  P2222  L11;                //调用正向移动子程序11次，子程序名为2222
ENDW;                           //循环程序尾
M30;                            //程序结束返回
%;
%2222;                          //X轴负向移动子程序，子程序名为2222
G91  G01  X-20  F1000;          //X轴负向移动20mm
G04  P5000;                     //暂停5s，记录光栅尺位置数据
M99;                            //子程序结束
%1111;                          //X轴正向移动子程序，子程序名为1111
G91  G01  X20  F1000;           //X轴正向移动20mm
G04  P5000;                     //暂停5s，记录光栅尺位置数据
M99;                            //子程序结束
%;
```

注意：

① 项目作业用机床 *X* 轴为负向回参考点，因此反向间隙消除和调用子程序移动的方向

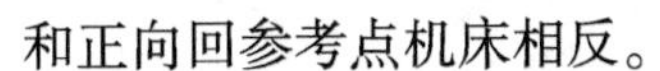

和正向回参考点机床相反。

② 双向螺距误差和反向间隙补偿不可同时使用，两种补偿会因为算法不同产生矛盾，造成补偿困难。

③ 实际应用中常采取反向间隙补偿加单向螺距补偿，即可满足精度要求。

7）设置与螺距误差补偿有关的参数，将补偿值填入补偿数据表。

华中 8 型数控系统螺距误差补偿方法是：

① 进入 300020 号参数，设置螺距误差补偿类型为［2］（［0］表示螺距误差补偿功能禁止；［1］表示螺距误差补偿功能开启，单向补偿；［2］表示螺距误差补偿功能开启，双向补偿）。

② 进入 300021 号参数，输入螺距误差补偿起点坐标，因 X 轴为负向回参考点，正向软限位为 230mm，负向软限位为 -5mm，测量从 0mm 位置开始，沿 X 轴正向进行，到 220mm 结束，则 X 轴螺距误差补偿起点坐标应设为 0mm。

③ 进入 300022 号参数，设置螺距误差补偿点数，例如［12］。

④ 进入 300023 号参数，设置螺距误差补偿点间距，例如［20］。

⑤ 进入 300025 号参数，设置螺距误差补偿倍率，设置为［1］（当设为［0］时，将没有螺距误差补偿值输出）。

⑥ 进入 300026 号参数，设置螺距误差补偿表起始参数号，华中 8 型数控系统通常从 700000 起始；在设定起始参数号后，便确定了螺距误差补偿表在数据表参数中的存储位置区间，补偿值序列以该参数号为首地址按照采样补偿点坐标顺序（从小到大）依次排列。

正向补偿表起始参数号为：700000。

正向补偿表终止参数号为：700011。

负向补偿表起始参数号为：700012。

负向补偿表终止参数号为：700023。

⑦ 在数据表参数中，从补偿起点输入补偿值 700000 ~ 700023。

8）参数修改完毕保存，系统复位后参数生效。

9）重复步骤 4）~6），将数据记录在表 7-4 中，比较第二次计算的误差值和第一次计算的误差值，看有何变化。

表 7-4　补偿后的螺距误差

补偿点	0	20	40	60	80	100	120	140	160	180	200	220
正向量值												
正向差值												
负向量值												
负向差值												

4. 项目注意事项

1）认真仔细地按要求安装好光栅尺，安装后应请指导老师检查，确认无问题后方可测试。

2）为防止误操作丢失机床数据，项目作业前应做好数控机床原参数的备份，项目作业完成后应做好恢复。

“数控机床误差测量及补偿”项目作业

日期：______年____月____日　　　　　　　　　　　指导教师：________

班级：________姓名：________学号：__________成绩：________

一、项目目标

二、项目内容

三、画出光栅尺安装示意图，简述安装中的问题

四、简述机床数据备份和恢复的方法

五、填表

填写表 7-1～表 7-4，比较补偿前后的精度，分析补偿能够提高数控机床的哪些精度。

六、回答观察与思考题

1）华中 8 型数控系统除反向间隙补偿和螺距误差补偿外，还有哪些补偿功能？

2）如何用光栅尺测量 Z 轴的反向间隙及螺距误差？

工业机器人操作与示教编程

一、项目目标

1）认识工业机器人的组成及性能。
2）掌握机器人 I/O 控制、手动操作的基本方法。
3）学会机器人抓取功能的示教编程。

二、项目器材

广州数控 RB08 工业机器人。

三、项目原理

（一）工业机器人的基本概念

1. 工业机器人的组成

如图 8-1 所示，工业机器人通常由执行机构、驱动系统、控制系统和传感系统四部分组成。通用工业机器人的整体结构如图 8-2 所示。

2. 工业机器人的性能参数

（1）自由度　自由度是指机器人所具有的独立坐标轴运动的数目，不包括末端执行器的开合自由度。一般情况下机器人的一个自由度对应一个关节，所以自由度数目等于其关节数。自由度是表示机器人动作灵活程度的参数，每个自由度需要一个伺服轴进行驱动，因此自由度数值越高，机器人可以完成的动作越复杂，通用性越强，应用范围也越广，相应地带来的技术难度也越大。目前，焊接和涂装作业机器人多为 6 或 7 个自由度，而搬运、码垛、装配机器人多为 4 ~6 个自由度。

（2）分辨率　分辨率是指机器人每个关节所能实现的最小移动距离或最小转动角度。工业机器人的分辨率分为编程分辨率和控制分辨率两种。编程分辨率是指控制程序中可以设定的最小距离，又称基准分辨率。当机器人某关节电动机转动 0.1°时，机器人关节端点移动的直线距离为 0.01mm，其基准分辨率即为 0.01mm。控制分辨率是系统位置反馈回路所能检测到的最小位移，即与机器人关节电动机同轴安装的编码盘发出单个脉冲时电动机转过的角度。

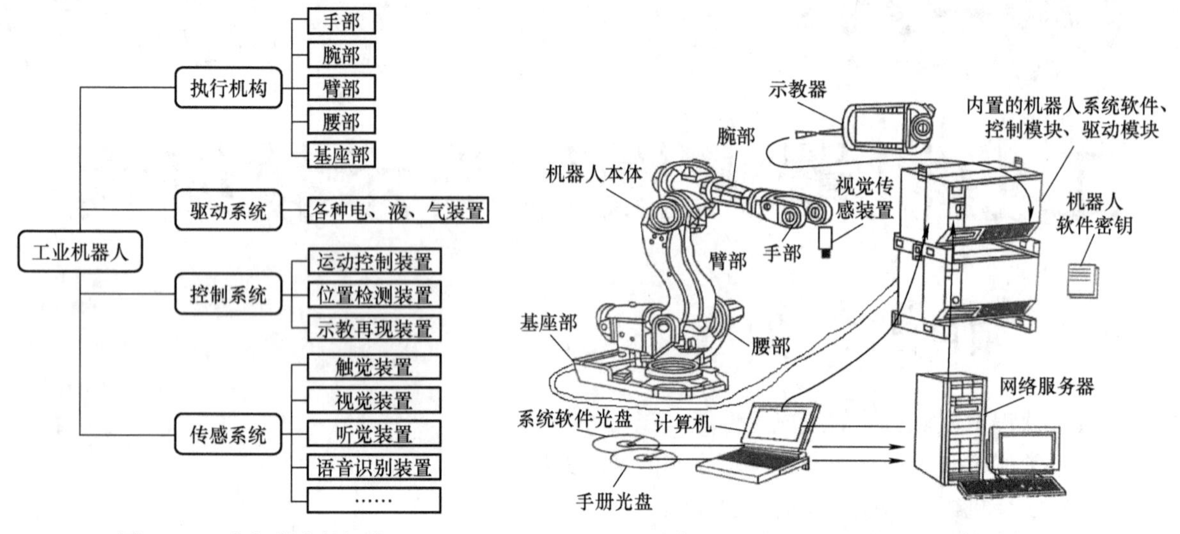

图 8-1　工业机器人的组成

图 8-2　通用工业机器人的整体结构

(3) 定位精度　定位精度是指机器人末端执行器的实际位置与目标位置之间的偏差，由机械误差、控制算法与系统分辨率等部分组成。典型的工业机器人定位精度一般在 ±(0.02mm ~ 5mm) 之间。

(4) 重复定位精度　重复定位精度是指在同一环境、同一条件、同一目标动作、同一命令之下，机器人连续重复运动若干次时，其位置的分散情况，是关于精度的统计数据。由于重复定位精度不受工作载荷变化的影响，因此通常以重复定位精度作为衡量示教再现工业机器人水平的重要指标。

(5) 工作空间　工作空间也称工作范围、工作行程，是机器人运动时手臂末端或手腕中心所能到达的位置点的集合，常用几何图形表示。工作范围的大小不仅与机器人各连杆的尺寸有关，而且与机器人的总体结构形式有关。工作范围的形状和大小是十分重要的，机器人在执行某作业时可能会因存在手部不能到达的盲区而不能完成任务。因此，在选择机器人执行任务时，一定要合理选择符合当前作业范围的机器人。目前，单体工业机器人本体的工作范围可达 3.5m 左右。

(6) 运动速度　运动速度会影响机器人的工作效率和运动周期，它与机器人所提取的重力和位置精度均有密切的关系，直线运动速度用 mm/s 表示，回转速度用°/s 表示。运动速度高，机器人所承受的动载荷增大，必将承受加、减速时较大的惯性力，影响机器人的工作平稳性和位置精度。

(7) 承载能力　承载能力是指机器人在作业范围内的任何位姿（即位置和姿态）上所能承受的最大质量，用 kg 表示。承载能力不仅取决于负载的质量，而且与机器人运行速度和加速度的大小和方向有关。目前，通用工业机器人的负载范围一般在 0.5kg ~ 800kg 之间。

3. 工业机器人的坐标系

机器人的坐标系包括关节坐标系、直角坐标系、手腕坐标系、工具坐标系、用户坐标系，各坐标系的定义及相互关系如图 8-3 所示。

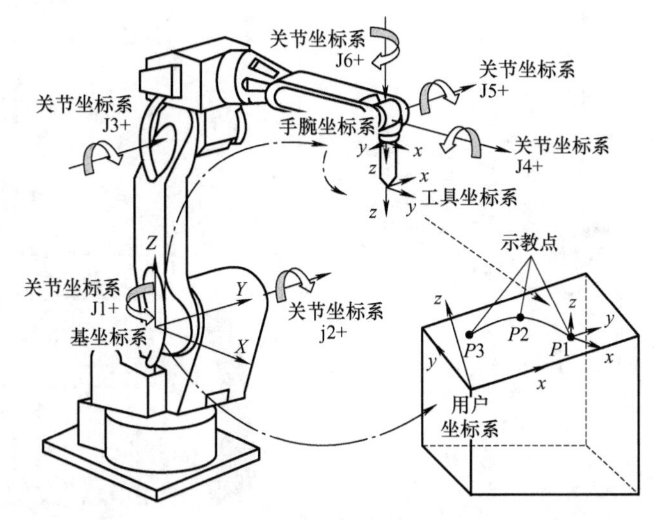

图 8-3　工业机器人的坐标系

直角坐标系（也称基坐标系）为机器人系统的基础坐标系，其他笛卡儿坐标系均直接或间接基于此坐标系。其中，手腕坐标系为机器人的隐含坐标系，基于基坐标系定义，固结于机器人腕部法兰盘处，由机器人的运动学确定其在基坐标系中的位姿。工具坐标系基于手腕坐标系定义，具体位姿可通过工具坐标系的标定功能或直接输入的相关参数确定。用户坐标系基于基坐标系定义，可用于描述工件的位置。

（二）广州数控 RB 工业机器人

1. 机器人结构

广州数控 RB 工业机器人可用于打磨、抛光、机床上/下料、冲压自动化生产线的自动搬运等领域，包括机器人本体、控制柜和示教盒，它们通过通信线缆和控制线缆连接而成（图 8-4）。

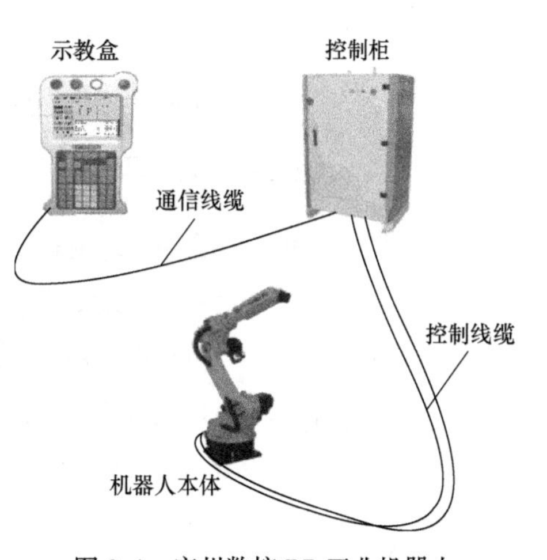

图 8-4　广州数控 RB 工业机器人

控制柜（图 8-5）的正面左侧装有主电源开关和门锁，右上角有电源指示灯、报警指示灯、急停开关，报警指示灯下方的挂钩用来悬挂示教盒。控制柜内部包含控制系统主机、机器人电动机驱动、抱闸释放装置、I/O 装置等部件。

控制系统的示教盒（图 8-6）为人机交互装置，系统主机在控制柜内，示教盒为用户提供了数据交换接口及友好可靠的人机接口界面，可以对机器人进行示教操作，对程序文件进行编辑、管理、示教检查及再现运行，监控坐标值、变量和输入输出，实现系统设置、参数设置和机器设置，及时显示报警信息及必要的操作提示等。

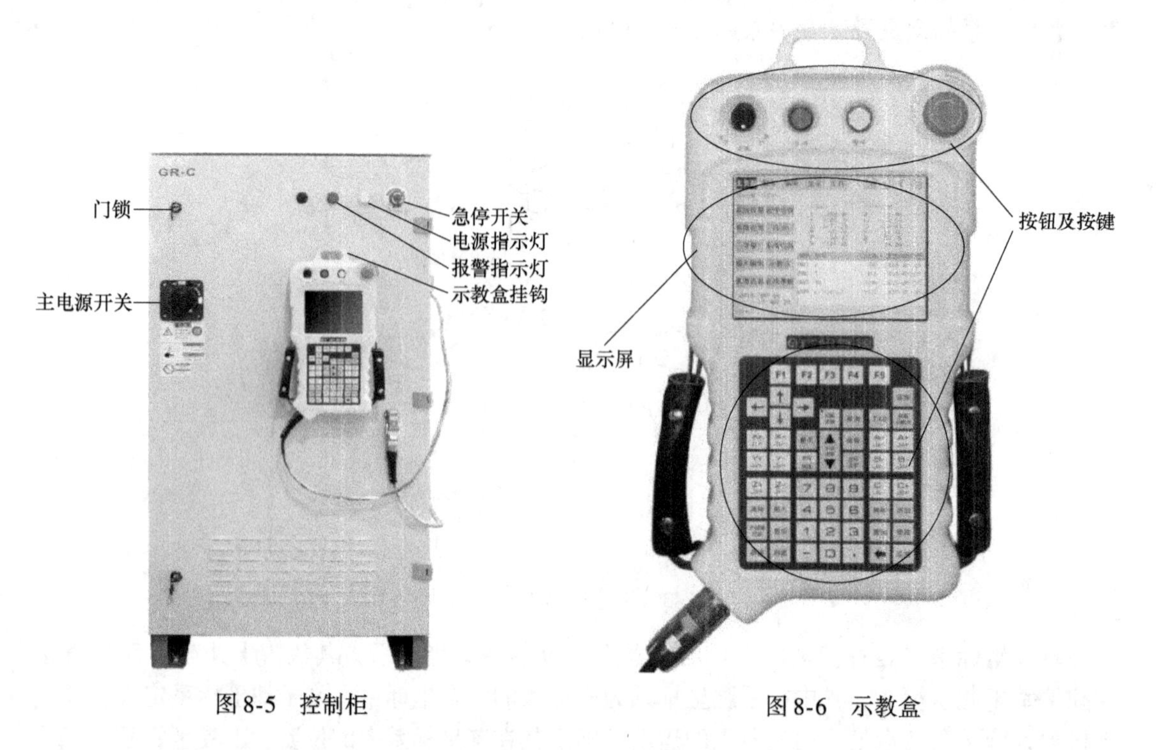

图 8-5 控制柜　　　　图 8-6 示教盒

2. 示教盒显示屏主界面及按键功能

示教盒分为按键和显示屏两部分，按键包括对机器人进行示教编程所需的所有操作键和按钮，如图 8-7 所示。示教盒的显示屏主界面共分为八个显示区：快捷菜单区、系统状态显示区、导航条、主菜单区、时间显示区、位置显示区、文件列表区和人机对话显示区，其中，接收光标焦点切换的只有快捷菜单区、主菜单区和文件列表区，通过按［TAB］键可在显示屏上相互切换光标，区域内可通过方向键切换光标焦点执行相应操作。

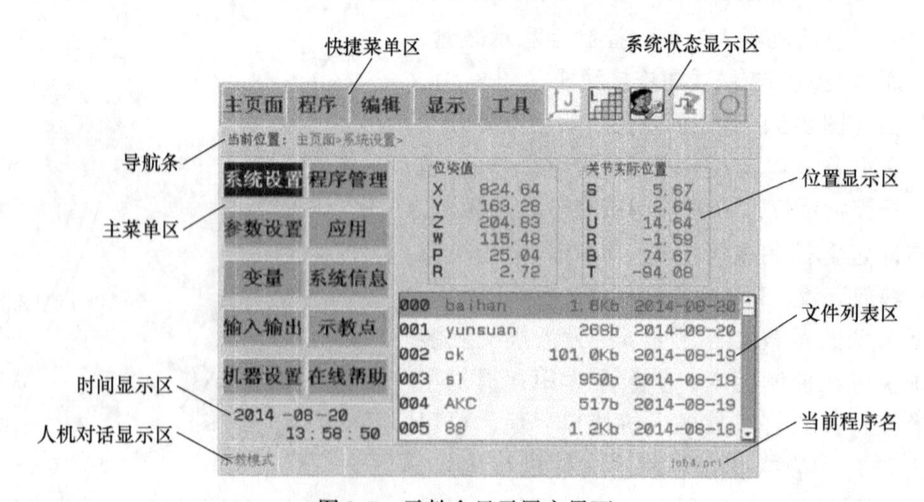

图 8-7 示教盒显示屏主界面

按键的具体功能见表8-1。

表8-1　按键的具体功能

按　键	功　能
[急停]	控制柜［急停］键：控制机器人驱动及电动机电源 示教盒［急停］键：控制机器人运行，电源不切断
[暂停]	再现模式下运行程序时，按此键，机器人暂停运行程序
[启动]	再现模式下，伺服就绪后，按此键开始运行程序
[模式选择]	可选择示教模式、再现模式和远程模式
[使能开关]	位于机器人左后方，主要用于各轴电动机使能开关的控制
[F1]	［主页面］界面快捷键
[F2]	［程序］界面快捷键
[F3]	［编辑］界面快捷键
[F4]	［显示］界面快捷键
[F5]	［工具］界面快捷键
方向	用来改变光标焦点，实现遍历菜单、按钮、改变数值等
轴操作	在示教模式下，轻轻按［使能开关］键，再按轴操作键，机器人各轴按当前坐标系进行轴运动，松开轴操作键或［使能开关］键，轴运动停止
数值	主要用于数字及字符的输入。共12个按键，[0] ~ [9] 数字键，小数点 [.]，负号 [-]
[选择]	能激活或选择界面对象，如按钮、菜单和文件列表等
[伺服准备]	应先选择再现模式再按此键，然后按［启动］键（必须注意机器人位置和光标位置），否则将不能进行再现运行
[取消]	用于关闭并退出界面
[坐标设定]	按此键可切换机器人的动作坐标系
[获取示教点]	在编辑运动指令时，按［使能开关］键和［获取示教点］键可以获取示教点（机器人当前的位置）
[翻页]	按此键可实现翻页功能
[转换]	在特定界面与其他键配合使用
[手动速度]	机器人运行速度设定键，用于示教和再现两种方式速度调节。手动速度有微动、低速、中速、高速、超高速等五个等级
[单段连续]	示教模式下，可在“单段”“连续”两个动作循环模式之间切换，再现模式下无效
[TAB]	按此键，可在当前界面显示区域间切换光标
[清除]	清除报警信息（伺服报警除外）；清除人机接口显示区的提示信息等
[外部轴切换]	按此键可切换机器人与外部轴的动作坐标系
[输入]	确认用户当前的输入内容
[删除]	用于程序文件、指令的删除等操作
[添加]	在程序编辑界面按此键，系统进入程序编辑的添加模式
[修改]	在程序编辑界面按此键，系统进入程序编辑的修改模式
[复制]	编辑的一般模式下，该键有复制指令的功能

（续）

按　键	功　能
[剪切]	编辑的一般模式下，该键有剪切指令的功能
[前进]	示教模式下，按住［使能开关］键和此键时，机器人按示教的程序点轨迹顺序运行，非运动指令语句直接解释执行用于检查示教的程序
[后退]	示教模式下，按住［使能开关］键和此键时，机器人按示教的程序点轨迹顺序逆向运行。非运动指令语句不执行
[退格]	在编辑框或数字框中按此键可删除字符
[应用]	是一个外部应用开关

3. 常用机器人指令

机器人指令由运动指令、信号处理指令、流程控制指令、运算指令和平移指令组成。

（1）常用的运动指令

1）MOVJ 指令。

功能：以点到点方式移动到指定位姿。

格式：MOVJ P*，V <速度>，Z <精度>；

参数说明：P* 为示教点号，范围为 P0 ~ P999；V <速度> 指定与机器人设定最大速度的百分比，取值范围为 1% ~100%；Z <精度> 指定机器人精确到位的精度等级，有 0 ~4 五个等级，Z0 表示精确到位，Z1 ~ Z4 表示关节过渡，Z 值越大，到位精度越低，机器人运行效率越高。

2）MOVL 指令。

功能：以直线插补方式移动到指定位姿。

格式：MOVL P*，V <速度>，Z <精度>；

参数说明：P* 为示教点号，范围为 P0 ~ P999；V <速度> 指定机器人的运动速度，取值范围为 0 ~9999mm/s，为整数；Z <精度> 指定机器人精确到位的精度等级，有 0 ~4 五个等级，Z0 表示精确到位，Z1 ~ Z4 表示直线过渡，Z 值越大，到位精度越低，机器人运行效率越高。

3）MOVC 指令。

功能：以圆弧插补方式移动到指定位姿。

格式：MOVC P*，V <速度>，Z <精度>；

参数说明：P* 为示教点号，范围为 P0 ~ P999；V <速度> 指定机器人的运动速度，取值范围为 0 ~9999mm/s，为整数；Z <精度> 指定机器人精确到位的精度等级，有 0 ~4 五个等级，Z0 表示精确到位，Z1 ~ Z4 表示圆弧过渡，Z 值越大，到位精度越低，过渡半径越大，机器人运行效率越高。

（2）常用的信号处理指令

1）WAIT 指令。

功能：在设定时间内等待外部信号状态执行相应功能。

格式：WAIT IN <输入端口号>，ON/OFF，T <时间（sec）>；

参数说明：IN <输入端口号> 指定相应的输入端口，范围为 0 ~ 31；T <时间（sec）>

指定等待时间，单位为 s，范围为 0.0 ~ 900.0s。

2）DELAY 指令。

功能：使机器人延迟运行指定时间。

格式：DELAY T <时间（sec）>；

参数说明：T <时间（sec）>指定延迟时间，单位为 s，范围为 0.0 ~ 900.0s。

（3）常用的流程控制指令

1）MAIN 指令。

功能：程序开始（系统默认行）。

格式：MAIN；

参数说明：MAIN 程序默认行数，不可以对其编辑，宣布程序开始。

2）LAB 指令。

功能：标明要跳转到的语句。

格式：LAB <标号>；

参数说明：LAB <标号>指定标签号，范围为 0 ~ 99。与 JUMP 指令配合使用，标签号不允许重复，最多能用 100 个的标签。

3）JUMP 指令。

功能：跳转到指定标签。

格式：JUMP LAB <标号>；

参数说明：JUMP 指令必须与 LAB 指令配合使用。

4）IF 指令。

功能：条件判断是否进入 IF 和 ENDIF 之间的语句。

格式：IF <变量/常量> <比较符> <变量/常量>；

参数说明：<变量/常量>可以是常量，B <变量号>，I <变量号>，D <变量号>，R <变量号>。变量号的范围为 0 ~ 99。

5）ENDIF 指令。

功能：结束 IF 指令。

格式：ENDIF；

参数说明：多个 IF 指令只能对应一个 ENDIF 指令。

6）END 指令。

功能：程序结束。

格式：END；

参数说明：程序运行到程序段 END 时停止示教检查或再现运行状态，其后面有程序也不被执行。

（4）运算指令　由算术运算指令和逻辑运算指令组成。算术运算指令由 INC 指令（加 1），DEC 指令（减 1），ADD 指令（两数相加），SUB 指令（两数相减），MUL 指令（两数相乘），DIV 指令（两数相除），SET 指令（参数赋值）等组成；逻辑运算指令由 AND 指令（逻辑与），OR 指令（逻辑或），NOT 指令（逻辑非）等组成。

（5）平移指令　由 SHIFTON 指令（平移开始）、SHIFTOFF 指令（平移结束）、MSHIFT 指令（获取平移量）和 PX 指令（平移量）组成。

四、项目内容与项目作业步骤

（一）示教操作

1. 安全通电

1）接通电源前，检查工作区域包括机器人、控制器等是否正常，检查所有的安全设备是否正常。

2）将控制柜面板上的［电源开关］置于［ON］状态。

3）按控制柜上绿色的［电源］键开启主机电源。

4）顺时针旋转控制柜上［急停］开关至弹起状态开启伺服电源。

2. 示教操作

1）通过［模式选择］键，选择示教模式。

2）通过［坐标设定］键，选择合适的坐标系，这里选择关节坐标系。

3）通过［手动速度］键，选择合适的运行速度，这里选择［低速］档。

4）若系统处于急停状态，则弹起［急停］键，解除急停状态。

5）左手按［使能开关］键，开使能。

6）根据目标示教点的位置，在按［使能开关］键的同时按某一个轴操作键。此时机器人处于示教模式，在关节坐标系下，以［低档］的速度，在［J1 +］的方向移动。

7）松开轴操作键或者［使能开关］键，机器人立刻停止运动。若按［急停］键，则机器人立刻停止运动，并切断使能，进入急停状态。

（二）程序举例

要求机器人能按照图 8-8 所示的轨迹 $P0 \to P1 \to P2 \to P3 \to P4 \to P0$ 进行运动，编程过程如下：

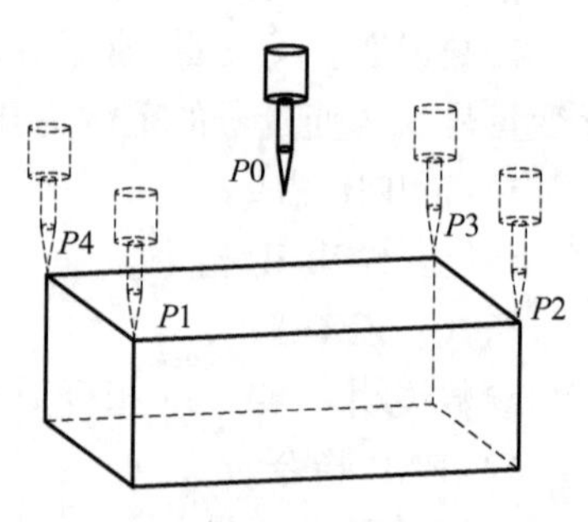

图 8-8 机器人运动轨迹示例

1）新建一个程序，程序名为 job1，进入［编辑］界面，如图 8-9 所示。

2）按照“示教操作”的步骤，将机器人示教到工作台附近的点 *P*0 处。

3）按［添加］键，打开［指令］菜单，如图 8-10 所示。

4）将光标移动到［MOVJ］指令，如图 8-11 所示。

5）按［使能开关］键和［选择］键，将［MOVJ］指令添加到程序中，如图 8-12 所示。

6）通过左、右方向键，将光标移动到［MOVJ］指令的［P*］处，此时［P*］代表一个示教点，它自动记录下了机器人当前所在的位置（即图 8-8 中的 *P*0 点），如图 8-13 所示。

7）通过数值键，输入［0］。

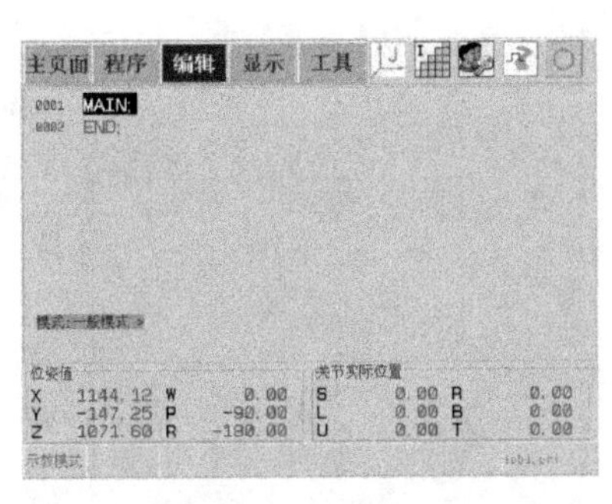

图 8-9　［编辑］界面

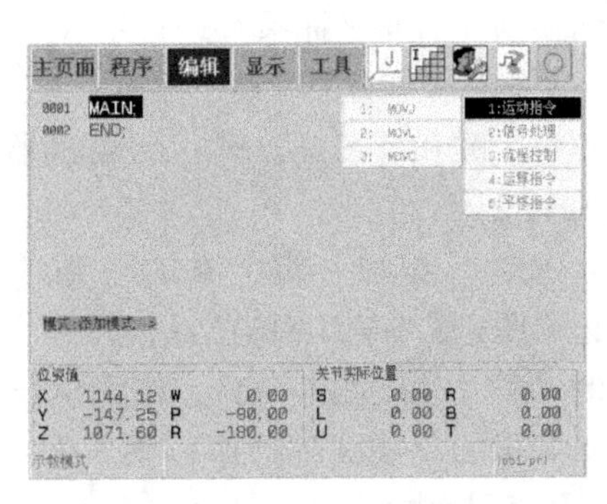

图 8-10　［指令］菜单

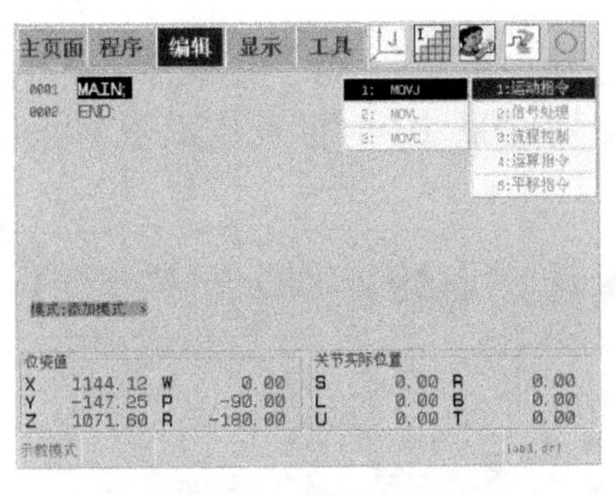

图 8-11　程序指令选择

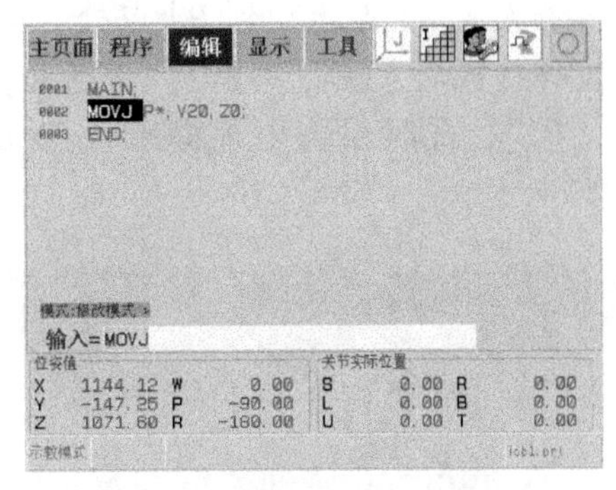

图 8-12　程序指令添加

8）按［输入］键，即可将［P*］改成［P0］。系统会将［P*］的点值赋予［P0］，此时指令中的［P0］同样为图 8-8 中 *P*0 点的位置。

9）将机器人示教到图 8-8 中的 *P*1 点处，按［添加］键，添加［MOVJ］指令到程序中，如图 8-14 所示。

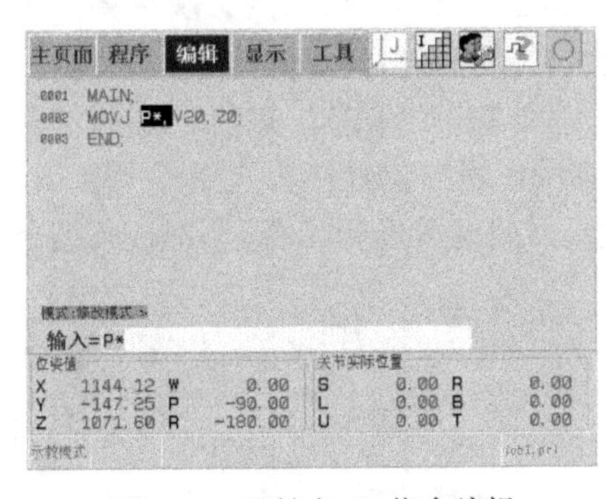

图 8-13　示教点 *P*0 指令编辑

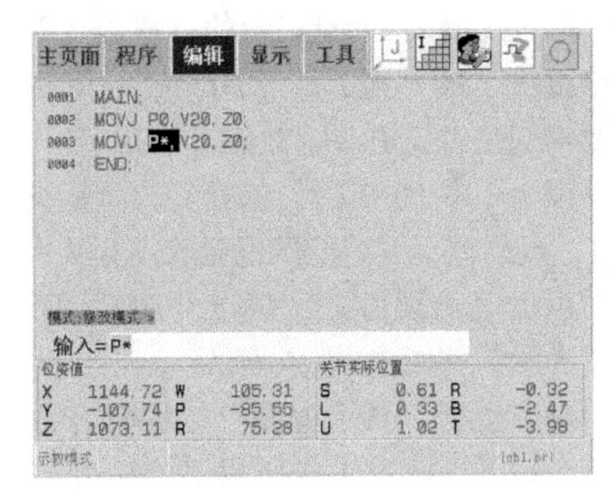

图 8-14　示教点 *P*1 指令添加

10）将［MOVJ］指令的［P*］改成［P1］，此时［P1］同样记录机器人末端控制点 TCP 当前所在的位置值（即图 8-8 中的 *P*1 点）如图 8-15 所示。

11）因为图 8-8 中的四个点 *P*1、*P*2、*P*3、*P*4 是长方形平面上的点，所以在直角坐标系下示教机器人更加方便，只需在 *X*、*Y* 平面上移动机器人即可。通过［坐标设定］键，将系统坐标切换到［直角坐标系］进行示教。

12）通过［使能开关］键、［Y+］键、［Y-］键、［X+］键和［X-］键，示教机器人到达图8-8中的*P*2点。

13）通过［添加］键，添加一条［MOVL］指令，记录图8-8中*P*2点的位置，并将［MOVL］指令中的［P*］修改成［P2］，如图8-16所示。

14）类似的，依次按顺序将图8-8中的*P*3、*P*4点记录在程序中。

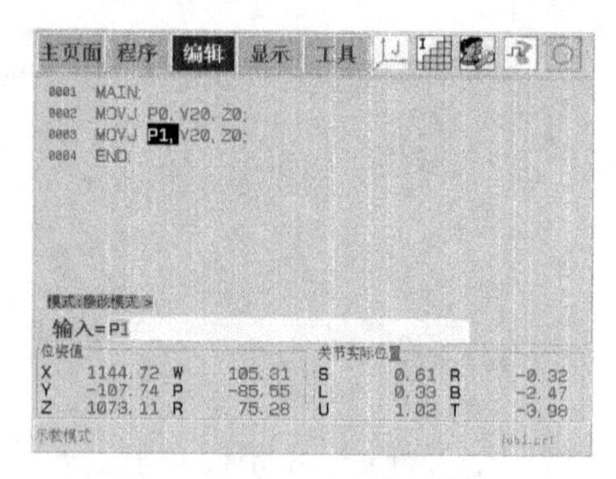

图8-15 示教点*P*1指令编辑

15）机器人已处于图8-8中*P*4点处，还需要让机器人从*P*4点运动到*P*0点处，但此时无须示教移动机器人到图8-8中*P*0点处，只需再添加一条［MOVJ］指令，并将［P*］改成［P0］，此时系统出现提示［P0点已存在，是否将P*的位置值赋予P0?］，如图8-17所示。

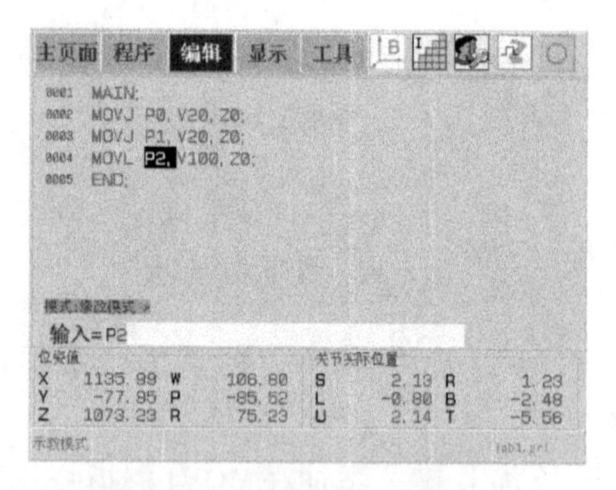

图8-16 示教点*P*2指令编辑

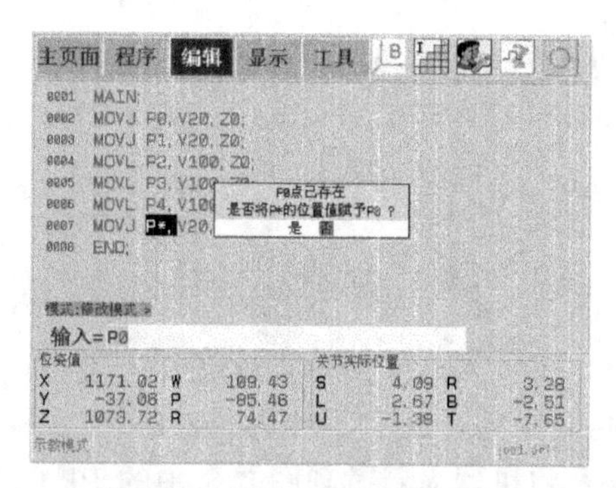

图8-17 其余示教点指令编辑

因为此时的P*点记录的是机器人当前的位置点，即图8-8中的P4点，现在将［P*］点修改成［P0］点，而［P0］点的值已经存在（记录了图8-8中*P*0点的位置），所以系统需要询问是否要更改示教点［P0］点的值，若选择了“是”，则［P0］点所记录的位置不再是图8-8中*P*0点处的位置了，而是机器人［P*］点所代表的位置；若选择了“否”，则［P0］点的值不变，依然记录着图8-8中*P*0点的位置。因此这里选择［否］，即该条指令只是引用已经出现过的示教点［P0］，而无须再次将机器人示教到图中*P*0点处。

16）此时，整个程序已经编辑完成，该文件中的指令记录了所有工作所需要的示教点，机器人将顺序执行程序中的指令，即完成了工作的轨迹要求，*P*0→*P*1→*P*2→*P*3→*P*4→*P*0的顺序运动。

17）按［F2］键，进入［程序］界面，此时系统完成了对程序job1的保存，并在该［程序］界面显示，如图8-18所示。

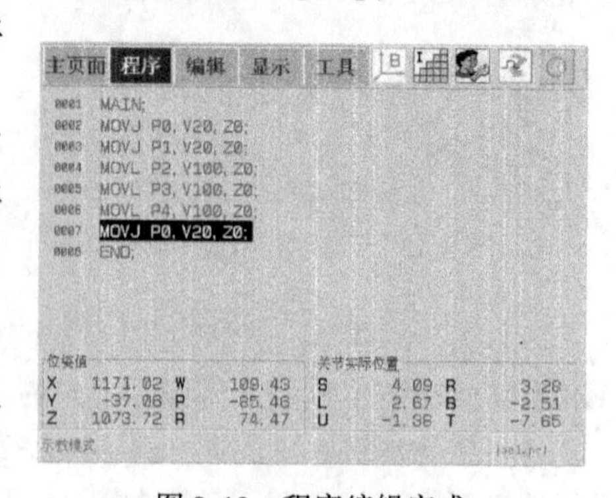

图8-18 程序编辑完成

18）示教检查程序

① 单步示教检查。单步示教，是指机器人运行一条程序指令后，自动停止，等待用户的操作才能继续顺序执行下一条程序指令的过程。具体步骤如下：

a）切换系统模式为示教模式、选择合适的系统速度（[低速] 档、清除急停状态）。

b）通过 [单段连续] 键，选择 [单段] 动作循环方式。

c）在 [程序] 界面中，通过上、下方向键，将光标移动到程序第一行指令处。

d）按下 [使能开关] 键和 [前进] 键，使机器人单步执行光标所在的指令，即第一行指令。

e）等待系统提示 [行 1：运行结束]，此时机器人已执行完第 1 行并自动停止。

f）松开 [前进] 键，保持 [使能开关] 按下，再次按下 [前进] 键，光标自动移动到第 2 行指令，并执行。

g）同样，等待系统提示 [行 2：运行结束]，此时机器人已经执行完第 2 行程序指令，即机器人运动到了图 8-8 中的 $P0$ 点处。

h）松开 [前进] 键，保持 [使能开关] 按下，再次按下 [前进] 键，光标自动移动到第 3 行指令，并执行。

i）同样，等待系统提示 [行 3：运行结束]，此时机器人已经执行完第 3 行程序指令，即机器人运动到了图 8-8 中的 $P1$ 点处。

j）同样的步骤，继续单步示教完所有程序指令。

② 连续示教检查。连续示教，是指机器人运行一条程序指令后，自动运行下一条指令的过程。具体步骤如下：

a）使系统切换到示教模式、系统速度为 [低档]、清除急停状态。

b）通过 [单段连续] 键，选择 [连续] 动作循环方式。

c）在 [程序] 界面中，通过上、下方向键，将光标移动到程序第 1 行指令处。

d）按 [使能开关] 键和 [前进] 键，使机器人开始连续执行光标所在的指令。

e）此时机器人每执行完一条程序指令后，就会自动执行下一条指令，直到程序结束。在连续示教模式下，只有当松开 [使能开关] 键和 [前进] 键时，机器人才会停止运行程序。

（三）再现

再现，是指系统自动执行示教好了的程序，顺序按照程序中各条指令的要求执行。具体步骤如下：

1）再现运行程序之前，一般要将机器人示教到程序的第 1 个运动点处。进入 [程序] 界面，对 job1 程序的第 2 行指令进行前进示教，使机器人到达图 8-8 中的 $P0$ 点。

2）通过 [模式选择] 键，选择 [再现] 模式。

3）若系统处于急停状态，则弹起 [急停] 键，解除急停状态。

4）通过 [手动速度] 键，选择 [低档] 速度等级。

5）按 [伺服准备] 键，开使能，此时 [伺服准备] 键左上角的灯亮起（示教模式下，按 [使能开关] 键，开使能，而再现模式下，则通过 [伺服准备] 键开使能）。

6）按 [启动] 键，此时 [启动] 键灯亮起，此时系统开始再现运行程序 job1，机器人也按照程序指令所记录的示教点位置进行运动。

7）若在程序尚未运行结束时按［暂停］键，则［暂停］键灯亮起。系统暂停执行程序指令，机器人也立刻停止移动。再一次按［启动］键，则系统继续运行剩下的指令。

8）若在程序尚未运行结束时按［急停］键，则系统进入急停状态，机器人停止运动。若要继续再现运行程序，则需要从步骤1）开始重新操作。

9）当系统执行到程序结束时，机器人自动停止运动。

“工业机器人操作与示教编程”项目作业

日期：______年____月____日　　　　　　　　　　指导教师：________

班级：________姓名：________学号：__________成绩：________

一、项目目标

二、项目内容

1）记录工业机器人示教操作步骤。

2）编写工业机器人机床上、下料运动轨迹程序。

三、思考题讨论

1. 简述工业机器人的基本组成。

2. 广州数控 RB 系列工业机器人为几自由度机器人？主要有哪几个关节？分别可做什么样的运动？

3. 常用的机器人指令有哪些？

四、心得体会

综合创新项目部分

五轴联动加工技术及叶轮零件设计与加工

五轴数控加工技术对一个国家的航空、航天、军事、科研、精密器械、高精医疗设备等行业，有着举足轻重的影响。五轴数控加工中心是叶轮、叶片、船用螺旋桨、重型发电机转子、汽轮机转子、大型柴油机曲轴等复杂曲面零件加工的唯一手段。本项目使学生学习微型涡喷发动机叶轮的设计与加工方法，拓展学生数控加工技术的实践空间。

本项目要求学生通过对 Mastercam 软件的学习，以小组（自行结合，3～5 人为宜）自行设计叶轮，并规划加工路径和工艺过程，仿真验证无误后，生成数控加工程序，进而操作 GL8－V 立式五轴加工中心加工出设计的叶轮零件。

一、项目目标

1）掌握五轴加工的特点及加工方式。

2）学习利用 Mastercam 软件对叶轮模型建模的方法及其加工工艺特点。

3）掌握五轴加工中心的操作方法，并能操作机床完成零件加工。

二、项目原理及知识扩充

（一）五轴联动加工的特点

五轴联动加工技术是指一个复杂形状的表面需要用机床的五个轴共同运动才能获得光顺平滑型面的加工技术。虽然从理论上讲，任何复杂表面都可用 X、Y、Z 三轴坐标来表述，但实际加工的刀具并不是一个点，而是有一定尺寸的实体，为了避免空间扭曲面加工时刀具与加工面间的干涉，同时保证曲面各点的切削条件的一致性，需要调整刀具轴线与曲面法矢间的夹角。

与三轴数控加工曲面相比较，五轴数控加工曲面有以下优点：

1. 提高加工质量和效率

通常切削表面的加工质量用断面残留高度 h 来表述，加工效率用两刀的行距 s 来表述。由于用球头铣刀三轴联动加工曲面时，是以球面的运动去逼近加工表面，以点成型；而用面铣刀五轴联动加工曲面时，是以平面的运动去逼近加工表面，以面带成型，因此可以保证加工点处切削速度较高，具有较好的且一致的表面质量。两种加工方式下行距与断面残留高度的关系如图 9-1 所示。

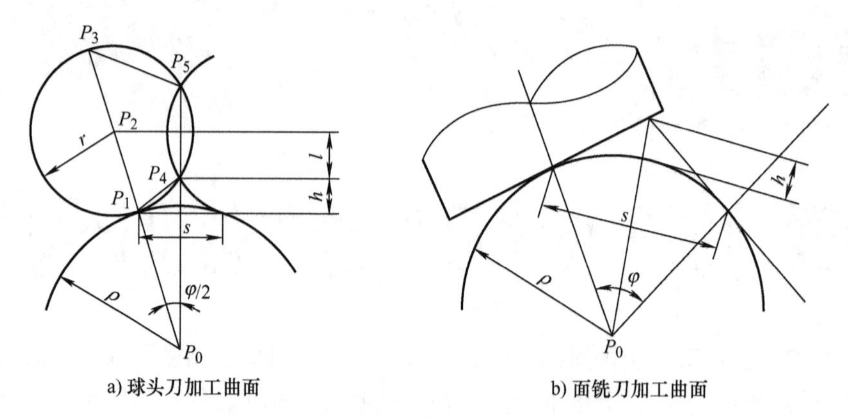

图 9-1 行距与断面残留高度的关系图

设工件曲率半径为ρ，球头刀半径为r，行距为s，残留高度为h。

在图 9-1a 中，通过证明$\triangle P_3P_0P_5 \sim \triangle P_4P_0P_1$，有

$$P_0P_1 \times P_0P_3 = P_5P_0 \times P_4P_0 \tag{9-1}$$

可得出

$$h = s^2\left(\frac{1}{8r} + \frac{1}{8\rho}\right) \tag{9-2}$$

在图 9-1b 中，利用半角定理有

$$\cos(\varphi/2) = \rho/(\rho + h)$$

$$\sin(\varphi/2) = s/(2\rho) \tag{9-3}$$

因此有

$$h = \frac{s^2}{8\rho} \tag{9-4}$$

由式(9-2) 和式(9-4) 可知，面铣刀五轴数控加工的断面残留高度恒小于球铣刀三轴数控加工的断面残留高度，因此其加工质量高。

同样，式(9-2) 和式(9-4) 分别可变换成

$$s = \sqrt{\frac{8\rho rh}{\rho + r}} \tag{9-5}$$

$$s = \sqrt{8\rho h} \tag{9-6}$$

从式(9-5) 和式(9-6) 可知，在相同的表面质量要求下，五轴数控加工与三轴数控加工相比可采用大得多的行距s，因此有更高的加工效率。有些复杂零件仅需一次装夹，就能完成复杂零件的全部或大部分加工。

另外，通过五轴加工方式加工某些曲面时，可采用五轴侧铣加工（侧刃加工），如图 9-2 所示，效率高，质量也高，是三轴数控加工无法比拟的。

2. 扩大工艺范围

在航空制造部门中，有些航空零件，如航空发动机上的整体叶轮，由于叶片本身扭曲且其与各曲面间相互位置存在限制，加工时不得不转动刀具轴线，否则很难甚至无法加工，另

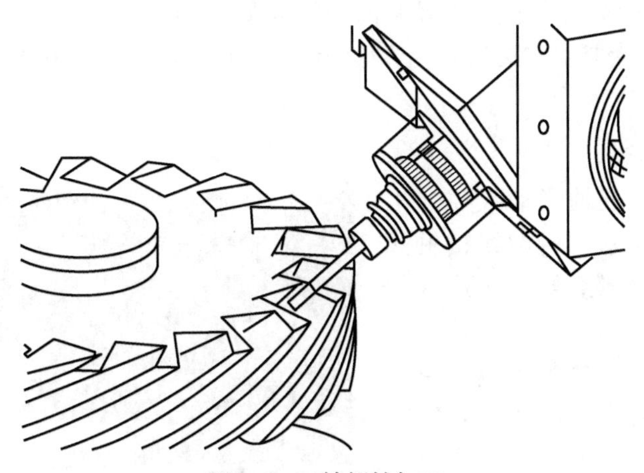

图9-2　五轴侧铣加工

外在模具加工中，有时只能用五轴坐标数控才能避免刀身与工件的干涉。

3. 适应目前数控机床发展的新方向

五轴联动数控机床的技术水平代表了一个国家装备制造业的最高水准。由于国外主要发达国家限制五轴联动数控机床出口我国，加之五轴联动NC程序制作较难，五轴系统难以实现“平民化”应用。近年来，随着国内数控系统研发和应用技术的发展，以及计算机辅助设计制造（CAD/CAM）技术的广泛应用，国内多家机床企业推出了五轴联动数控机床，打破了外国的技术封锁，大大降低了五轴联动数控机床的应用成本。五轴联动数控机床的普及推广，将为中国成为制造强国奠定坚实的基础。

总之，五轴联动数控机床的应用，可有效避免刀具干涉；对于直纹面类零件，可采用侧铣方式一刀成型；对较为平坦的大型表面，可用大直径端铣刀端面进行加工；可通过一次装夹对工件上的多个空间表面进行多面、多工序加工；五轴加工时，刀具相对于工件表面可处于最有效的切削状态，零件表面上的误差分布均匀；在某些加工场合，可采用较大尺寸的刀具避开干涉进行加工，大大提高加工效率。

（二）五轴联动数控加工的方式

根据曲面加工过程中的成型方式，通常将五轴联动数控加工划分为：点接触式、面接触式、线接触式三种方式。

1. 点接触式

点接触式加工是应用最广的五轴联动数控加工方式。所谓点接触式加工是指加工过程中以点接触成形的加工方式，如球形铣刀加工、球形砂轮磨削等。这种加工方式的主要特点是：球形表面法矢指向全空间，加工时对曲面法矢有自适应能力；与线、面接触式加工相比较，其编程较简单、计算量较小；只要使刀具半径小于曲面最小曲率半径就可避免干涉，因此适合任意曲面的加工；但由于是点接触成型，在刀具轴线上切削速度趋近于零，因此切削条件差，加工精度和效率低。

2. 面接触式

所谓面接触式加工是指以面接触成形的加工方式，如端面铣削（磨削）加工。这种加工方式的主要特点是：由于切削点有较高的切削速度，周期进给量大，因此具有较高的加工效率和精度；但由于受成型方式和刀具形状的影响，它主要适合于中凸、曲率变化较平坦的曲面的加工。

3. 线接触式

线接触式加工是五轴联动数控加工当前和今后研究的重点。所谓线接触式加工是指加工过程中以线接触成形的加工方式，如圆柱周铣、圆锥周铣及砂带磨削等。这种加工方式的特点是：由于切削点处切削速度较高，因此可获得较高的加工精度；同时，由于是线接触成形，因此具有较高的加工效率。图 9-3 所示为用砂带磨削叶片的照片，即为典型的线接触式加工。

图 9-3 叶片的砂带磨削加工

（三）五轴联动数控加工机床的分类

五轴联动数控加工机床一般有三个直线坐标和两个旋转坐标。通常根据两个旋转坐标的配置形式，将五轴联动数控加工机床划分为三种类型。

1. 双转台五轴联动数控加工机床

如图 9-4 所示。这种机床的转台有足够的行程范围，工艺性能好；转台的刚性较好，机床总体刚性高；只需加装独立式刀库及换刀机械手，即可成为加工中心。但双转台机床转台坐标驱动功率较大，坐标转换关系较复杂，编程灵活性不高。

2. 双摆头五轴联动数控加工机床

双摆头五轴联动数控加工机床摆动坐标驱动功率较小，工件装卸方便且坐标转换关系简单，编程灵活性高。但由于受结构限制，其主轴的摆动刚度较低，是整个机床的薄弱环节，如图 9-5 所示。

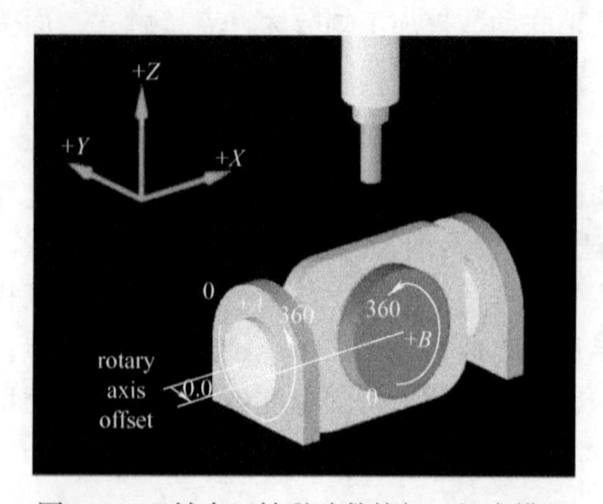

图 9-4 双转台五轴联动数控加工机床模型

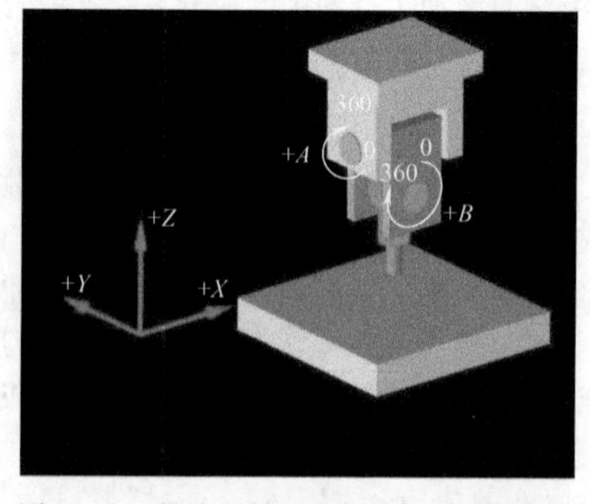

图 9-5 双摆头五轴联动数控加工机床模型

3. 一摆头一转台五轴联动数控加工机床

一摆头一转台五轴联动数控加工机床的性能则介于上述两者之间，如图 9-6 所示。

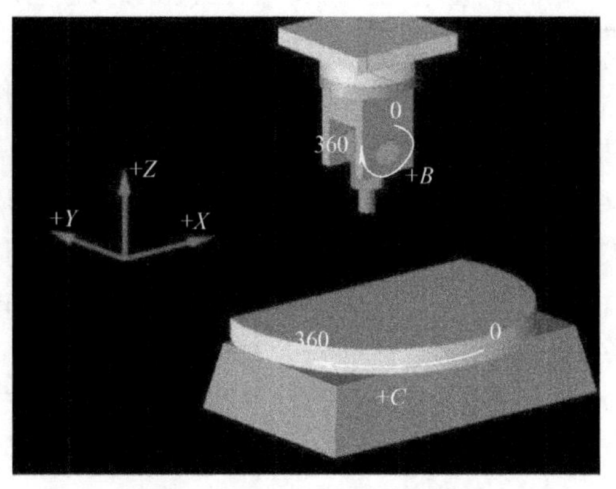

图 9-6　一摆头一转台五轴联动数控加工机床模型

（四）五轴联动数控加工机床的结构形式

五轴联动数控加工机床，是在 *X*、*Y*、*Z* 三个直线运动轴的基础上至少增加 *A*、*B*、*C* 三个回转运动轴中任意两个回转轴，直线轴和回转轴又因是工件运动还是刀具运动而有所区别，通常将工件运动的轴定义为 *X*、*Y*、*Z*、*A*、*B*、*C*，将刀具运动的轴定义为 *X′*、*Y′*、*Z′*、*A′*、*B′*、*C′*，由此可得出多种五轴联动数控加工机床的布局方案。针对加工零件的形状、尺寸、重量、要求精度、材料的力学性能和切削载荷等因素，可以确定适用的机床结构布局。

1. 双转台五轴联动数控加工机床的结构形式

ABXYZ　　*BCXYZ*　　*ACXYZ*　　*ABXY′Z′*　　*BCXY′Z′*　　*ACXY′Z′*
ABX′YZ′　　*BC X′YZ′*　　*AC X′YZ′*　　*AB X′Y′Z*　　*BC X′Y′Z*　　*AC X′Y′Z*
AB X′Y′Z′　　*BC X′Y′Z′*　　*AC X′Y′Z′*　　*ABXY Z′*　　*BCXY Z′*　　*ACXY Z′*
ABX Y′Z　　*BCX Y′Z*　　*ACX Y′Z*　　*AB X′YZ*　　*BC X′YZ*　　*AC X′YZ*

共有　$C_3^2\times(C_3^1C_2^2+C_3^2C_1^1+2C_3^3)=24$（种）

2. 双摆头五轴联动数控加工机床的结构形式

A′B′XYZ　　*A′B′X Y′Z′*　　*A′B′X′YZ′*　　*A′B′ X′Y′Z*
A′B′X′Y′Z′　　*A′B′XYZ′*　　*A′B′X′YZ*　　*A′B′XY′Z*
B′C′XYZ　　*B′C′XY′Z′*　　*B′C′X′YZ′*　　*B′C′X′Y′Z*
B′C′X′Y′Z′　　*B′C′XYZ′*　　*B′C′X′YZ*　　*B′C′XY′Z*
A′C′XYZ　　*A′C′XY′Z′*　　*A′C′X′YZ′*　　*A′C′X′Y′Z*
A′C′X′Y′Z′　　*A′C′XYZ′*　　*A′C′X′YZ*　　*A′C′XY′Z*

共有　$C_3^2\times(C_3^1C_2^2+C_3^2C_1^1+2C_3^3)=24$（种）

3. 一摆头一转台五轴联动数控加工机床的结构形式

A′BXYZ　　*A′CXYZ*　　*C′AXYZ*　　*A′BXY′Z′*　　*A′CXY′Z′*　　*C′AXY′Z′*
A′BX′YZ′　　*A′CX′YZ′*　　*C′AX′YZ′*　　*A′BX′Y′Z*　　*A′CX′Y′Z′*　　*C′AX′Y′Z*
A′BX′Y′Z′　　*A′BXYZ′*　　*A′CX′Y′Z′*　　*A′CXYZ′*　　*C′AX′Y′Z′*　　*C′AXYZ′*
A′BXY′Z　　*A′BX′YZ*　　*A′CXY′Z*　　*A′CX′YZ*　　*C′AXY′Z*　　*C′AX′YZ*
B′AXYZ　　*B′AXY′Z′*　　*B′AX′YZ′*　　*B′AX′Y′Z*　　*B′AX′Y′Z′*　　*B′AXYZ′*
B′AXY′Z　　*B′AX′YZ*　　*B′CXYZ*　　*B′CXY′Z′*　　*B′CX′YZ′*　　*B′CX′Y′Z*
B′CX′Y′Z′　　*B′CXYZ′*　　*B′CXY′Z*　　*B′CX′YZ*　　*C′BXYZ*　　*C′BXY′Z′*
C′BX′YZ′　　*C′BX′Y′Z*　　*C′BX′Y′Z′*　　*C′BXYZ′*　　*C′BXY′Z*　　*C′BX′YZ*

共有 $C_3^1C_2^1 \times (C_3^1C_2^2 + C_3^2C_1^1 + 2C_3^3) = 48$（种）

综上计算，五轴联动数控机床的结构形式共有 24 + 24 + 48 = 96（种）之多。对于铣床而言，一般来说，其平动坐标主要有升降台式、固定床身式、龙门式三种。所谓升降台式就是刀具不动，平动均由工件的平移实现，即坐标轴配置为 XYZ；固定床身式为工件做纵向、横向的平移，而由刀具做垂直方向的升降，因此其坐标轴的配置为 XYZ'；龙门式为工件仅做纵向的平移，而由刀具做横向和垂直方向的平移，因此其坐标轴的配置为 $XY'Z'$。这三种平动结构与旋转坐标的组合，即为常见五轴联动数控铣床的结构形式。

用上述列举方法，可得知常见五轴联动数控铣床的结构形式有 36 种，按其旋转坐标和平动坐标的配置，可分为九种类型：

1）五轴联动双转台-升降台式数控铣床。
2）五轴联动双转台-固定床身式数控铣床。
3）五轴联动双转台-龙门式数控铣床。
4）五轴联动双摆头-升降台式数控铣床。
5）五轴联动双摆头-固定床身式数控铣床。
6）五轴联动双摆头-龙门式数控铣床。
7）五轴联动摆头及转台-升降台式数控铣床。
8）五轴联动摆头及转台-固定床身式数控铣床。
9）五轴联动摆头及转台-龙门式数控铣床。

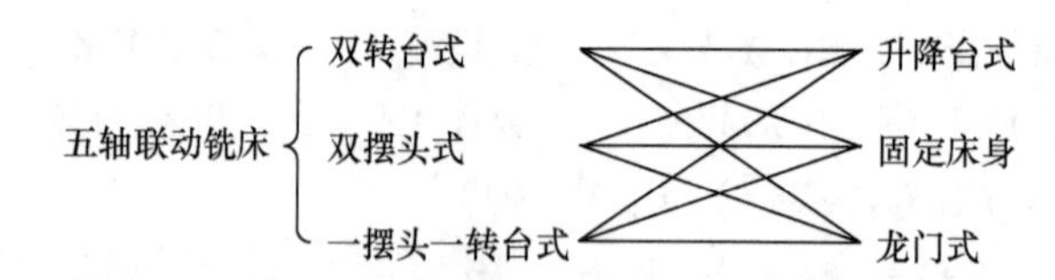

这样可根据所加工零件的特点，选用相应的机床结构进行设计，以满足实际的需要。双转台-升降台式机床主要适用于中、小型零件的加工，而双摆头-龙门式机床主要适用于大型零件的加工。图 9-7 所示为双转台龙门式铣床，图 9-8 所示为双转台固定床身式铣床。

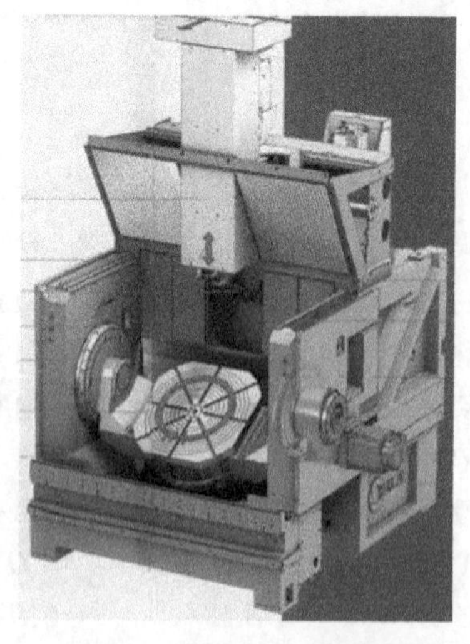

图 9-7 双转台龙门式铣床

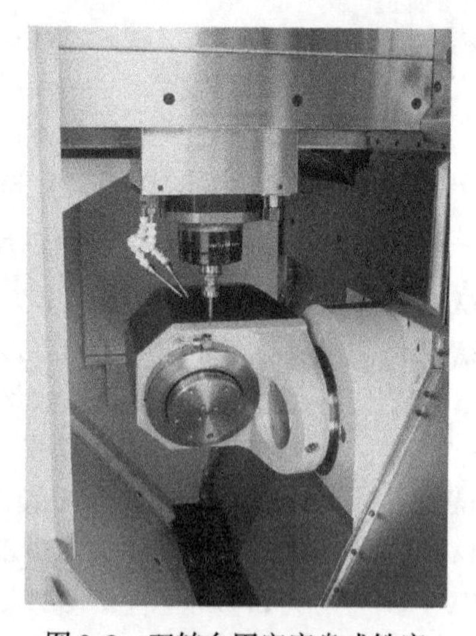

图 9-8 双转台固定床身式铣床

三、叶轮零件的 Mastercam 设计与仿真加工

目前，国外一般应用整体叶轮的五坐标加工专用软件有美国 NREC 公司的 MAX－5、MAX－AB 叶轮加工专用软件等。国内大多数生产叶轮的厂家采用国外大型 CAD/CAM 软件，如 NX、PM、CATIA、MasterCAM 等来加工整体叶轮。本项目选用目前流行且功能强大的 Mastercam 2017 来对叶轮进行建模，使用专用的叶轮模块规划加工路径及参数，并利用与五轴加工中心匹配的后处理软件生成数控加工程序。

（一）叶轮的 CAD 设计

1. 绘制叶轮模型线架构

绘制两圆、两线、一中心线。

（1）两圆　在俯视构图面上画两圆，小圆圆心 O_1（0，0，0），$R_1=10$，大圆圆心 O_2（0，0，－50），$R_2=50$（图 9-9）。

（2）两线　轮毂曲线及叶片根部曲线。

1）线 L_1。用［两点画弧］命令，选择两圆的四等分点画弧，圆弧半径 $R=70$，此线为轮毂线架构，如图 9-10 所示。

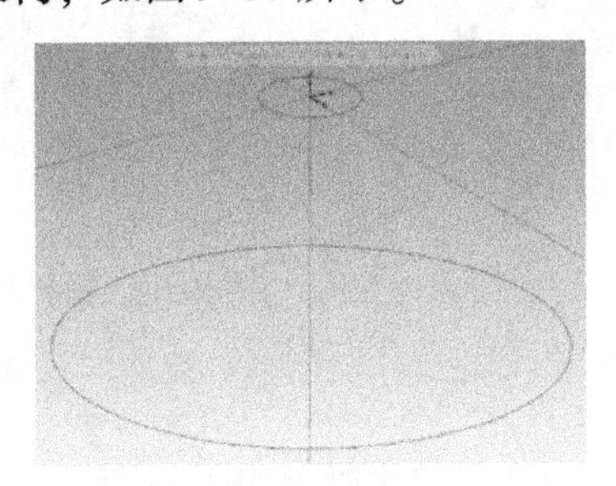

图 9-9　绘制两圆

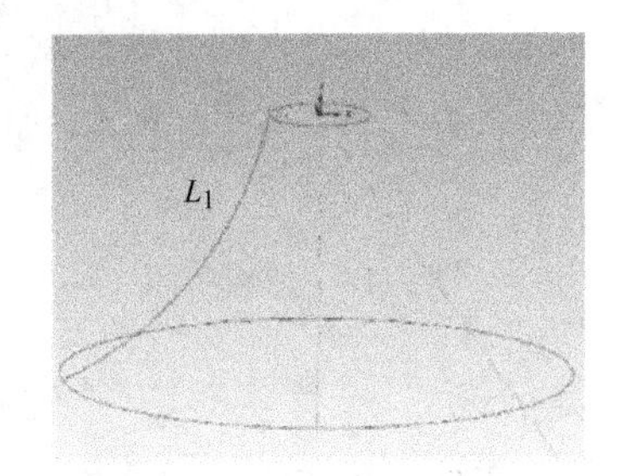

图 9-10　绘制轮毂曲线

2）线 L_2。用［画点］命令绘制如下三点：P_1（0，－10，0）、P_2（6.6，－25.73，－32.92）、P_3（17，－47.02，－50），用［手动画曲线］命令连接点 P_1、P_2、P_3，绘制曲线 L_2，如图 9-11 所示，此线为叶片根部曲线。

（3）中心线 L_3　连接上、下两圆圆心，生成中心线 L_3，用点画线表示，如图 9-12 所示。

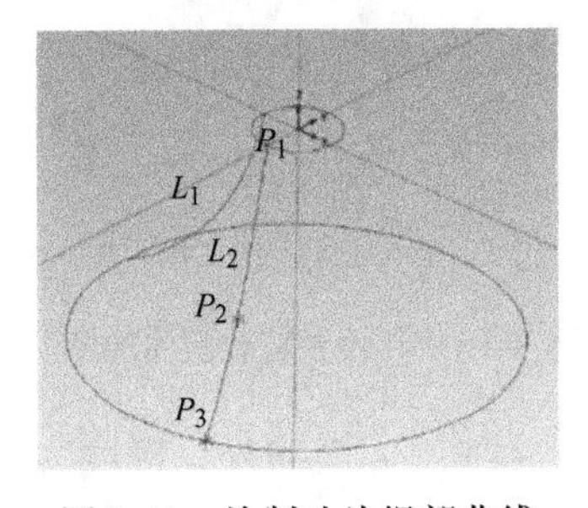

图 9-11　绘制叶片根部曲线

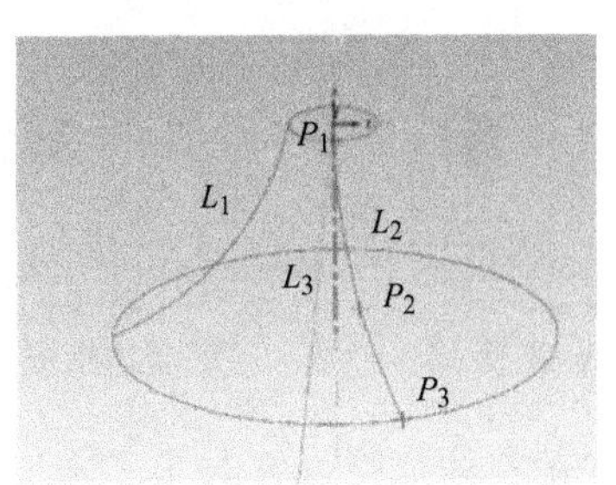

图 9-12　绘制中心线

2. 创建轮毂曲面、叶片曲面

（1）创建轮毂曲面　创建图层2，轮毂曲线 L_1 绕中心线 L_3 旋转，生成如图9-13所示的轮毂曲面。单击［曲面］→［旋转］，选择旋转轮廓曲线，选择旋转轴。

（2）创建叶片曲面　创建图层3，单击［曲面］→［网格］→［围篱］，选择曲面（轮毂面），选择曲线 L_2（注意：曲线 L_2 的不同选取位置，决定了曲线的起点和终点方向，选择的起点靠下，则方向向上）。设置起点高度为［8.000］，终点高度为［18.000］，起点角度为［10.000］，终点角度为［−30.000］，生成如图9-13所示的叶片曲面。

（3）复制叶片曲面　关闭线架构图层1，单击［转换］→［旋转］，选择要旋转的曲面（叶片曲面），复制叶片五个，设置旋转角度为60°，基点坐标为（0，0，0），绘图结果如图9-14所示。

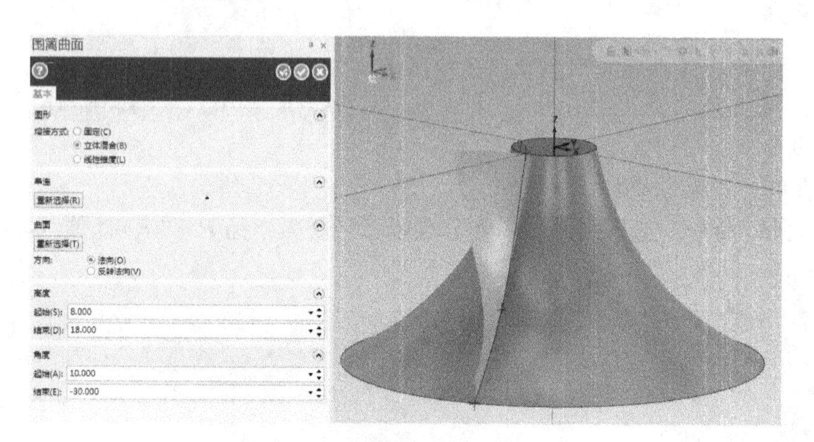

图9-13　轮毂曲面、叶片曲面创建

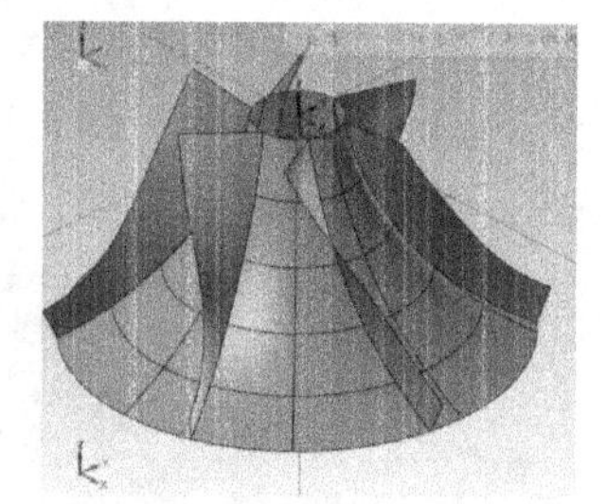

图9-14　复制叶片曲面

3. 创建轮毂、叶片实体，并进行修剪

（1）创建实体　单击［实体］→［由曲面生成实体］，依次选择叶片曲面、轮毂曲面，生成叶片、轮毂实体（原始曲面删除），如图9-15所示。

（2）叶片实体加厚　逐一加厚叶片实体，单击［实体］→［薄片加厚］（单向加厚，注意方向，向左侧加厚，厚度为1.5mm）。加厚之后的叶片实体如图9-16所示。

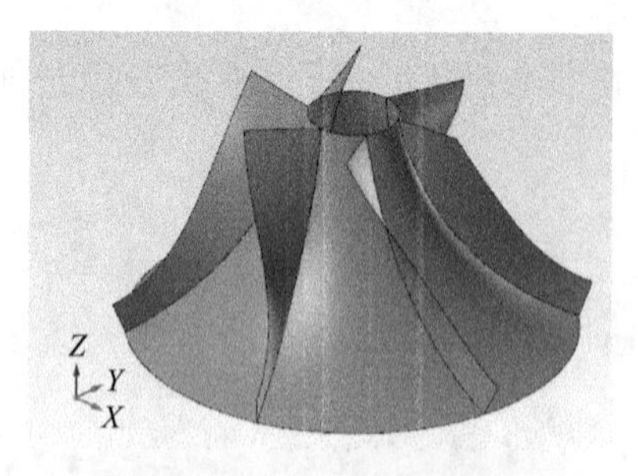

图9-15　叶片、轮毂实体生成

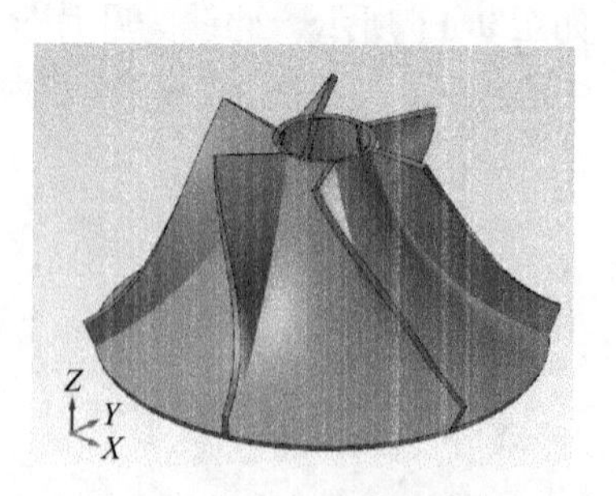

图9-16　叶片、轮毂实体加厚

（3）轮毂实体加厚　单击［实体］→［薄片加厚］（加厚方向向外，厚度为1.5mm）。加厚之后的轮毂实体如图9-16所示。

（4）叶片实体被修剪

1）打开图层1的线架构，用上小圆修剪叶片实体。单击［实体］→［依照平面修剪］，选择修剪主体（六个叶片实体依次选中，注意选择叶片的上半部分和下半部分，与最后保留的叶片实体部分有关，此处单击叶片上半部分），单击［确定］→［依照图形平面］，选择小圆，如图9-17所示。最后确定目标主体方向，保留叶片的合适部分，图9-18所示为叶片实体被上小圆修剪前后效果图对比。

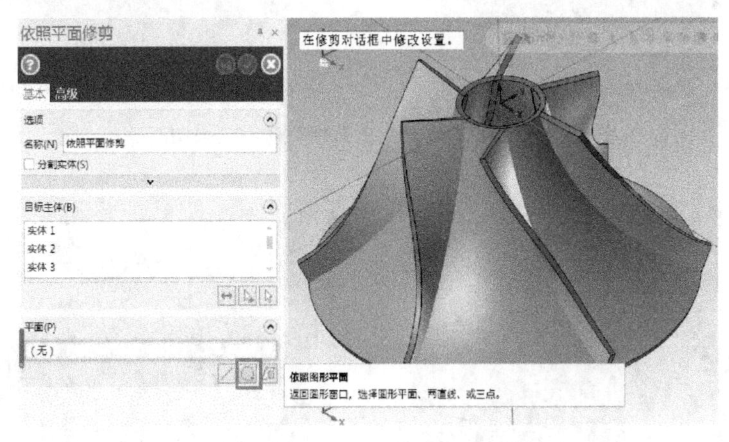

图9-17　用上小圆修剪叶片实体

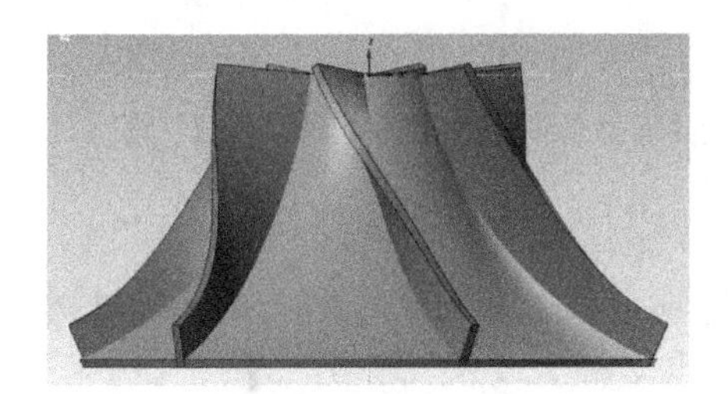

a) 叶片实体被上小圆修剪前的前视图

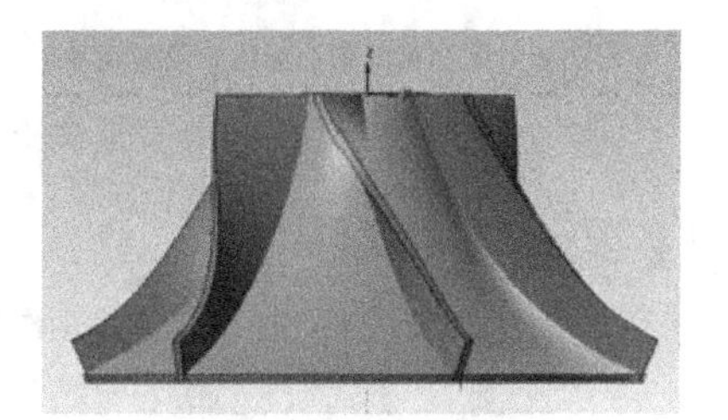

b) 叶片实体被上小圆修剪后的前视图

图9-18　叶片实体被上小圆修剪前后效果图对比

2）构建圆柱面，修剪叶片实体。在图层1上复制线架构的大圆，利用曲面［举升］命令生成圆柱面。新建图层4，单击［曲面］→［举升］，依次选择复制前后的两大圆，生成图9-19a所示的圆柱面。再用圆柱面修剪叶片实体，单击［实体］→［修剪到曲面/薄片］，选择要修剪的主体（依次选择叶片曲面），选择要修剪的曲面或薄片（选择圆柱面），然后隐藏图层1，叶片实体被圆柱面修剪前后效果图对比如图9-19所示。

3）轮毂曲面修剪叶片实体。轮毂实体转换成轮毂曲面（保留轮毂实体外侧的曲面，并且将原轮毂实体删除），利用轮毂曲面修剪叶片实体。单击［实体］→［修剪到曲面/薄片］，选择要修剪的实体（依次选择六个叶片实体，注意选择叶片实体在轮毂曲面外侧部分），叶片实体被轮毂曲面修剪前后效果图对比如图9-20所示。修剪后，叶片实体插入轮毂曲面内侧部分实体被修剪掉。

4. 叶片实体转换成叶片曲面

最终确保叶片曲面与轮毂曲面相交于一线，即叶片根部曲线。

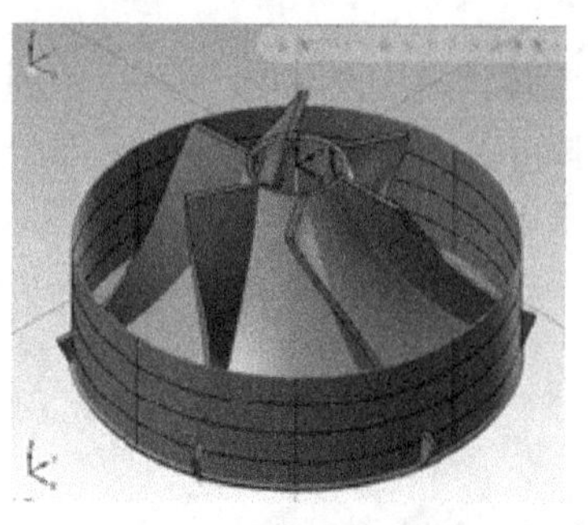

a) 叶片实体被圆柱面修剪前效果图

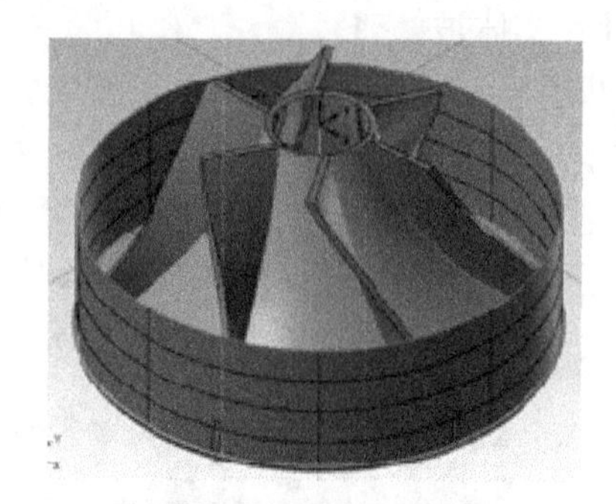

b) 叶片实体被圆柱面修剪后效果图

图 9-19 叶片实体被圆柱面修剪前后效果图对比

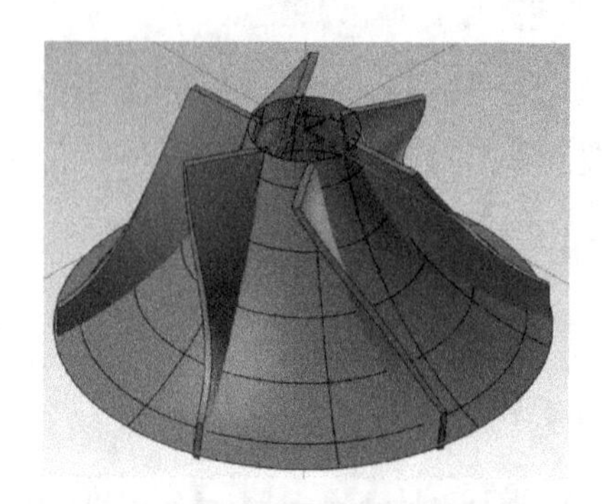

a) 叶片实体被轮毂曲面修剪前效果图

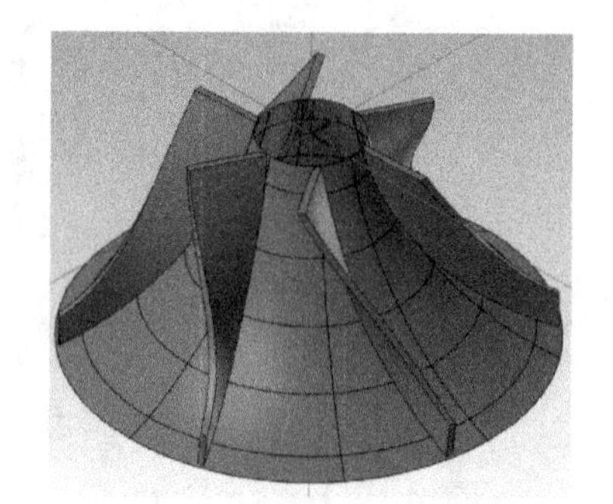

b) 叶片实体被轮毂曲面修剪后效果图

图 9-20 叶片实体被轮毂曲面修剪前后效果图对比

5. 图形缩放

考虑到实际加工所用的五轴加工中心的各轴行程，叶轮尺寸缩小到原尺寸的50%。单击［转换］→［比例］，选择0.5倍，设置基点坐标为（0，0，0），按 < Ctrl + A > 键，选择全部图素进行缩放。

6. 车削轮廓生成

1）新建图层8，将视图转换成前视图，将全部图素顺时针旋转90°（图9-21）。单击

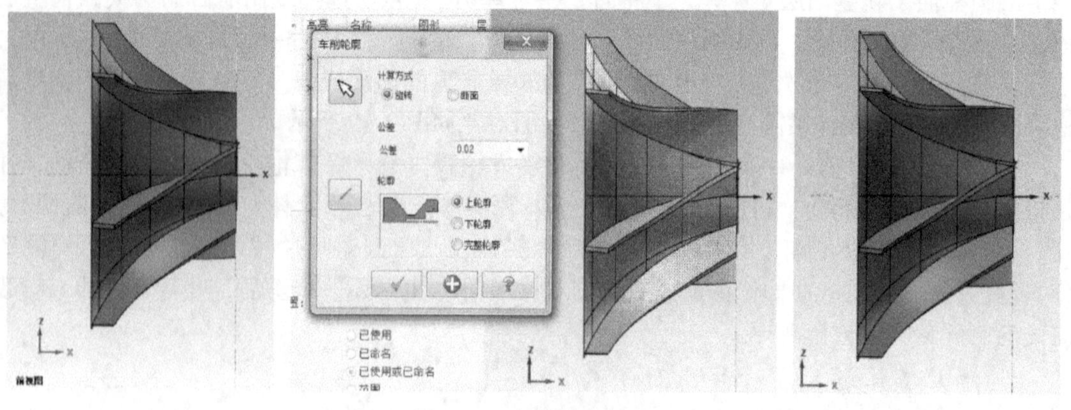

图 9-21 车削轮廓生成

［转换］→［旋转］，旋转要旋转的图形，按＜Ctrl＋A＞键，选择全部图素进行旋转，单击［移动］，设置旋转角度为－90°。

2）单击［草图］→［车削轮廓］，按＜Ctrl＋A＞键，选择全部图素，［公差］设为［0.02］，生成车削轮廓。

3）车削轮廓旋转。将全部图素逆时针旋转90°，为了清楚显示车削轮廓，打开图层1，隐藏除图层1、图层8以外的其他图层，即显示线架构图层及车削轮廓图层，如图9-22所示。

4）此时的车削轮廓是不封闭的曲线，将这些曲线封闭，形成图9-23所示的封闭轮廓。

7. 叶轮实体毛坯生成

单击［实体］→［旋转］，选择封闭曲线，选择旋转轴，生成毛坯实体，如图9-24所示。

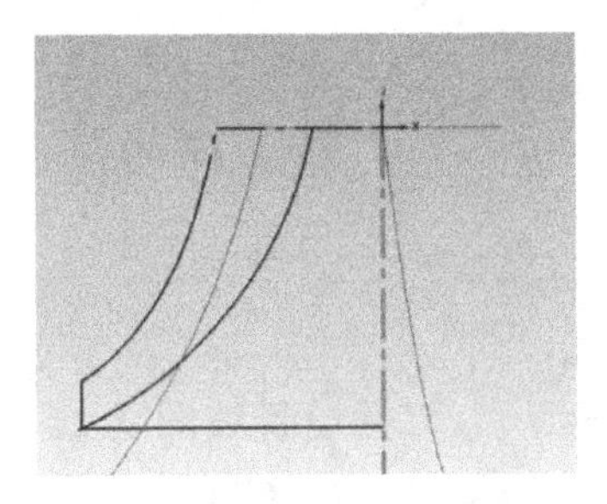

图9-22　不封闭的车削轮廓

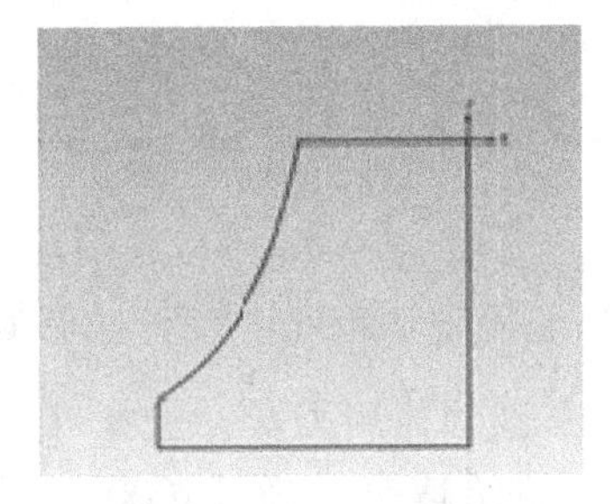

图9-23　构造封闭轮廓

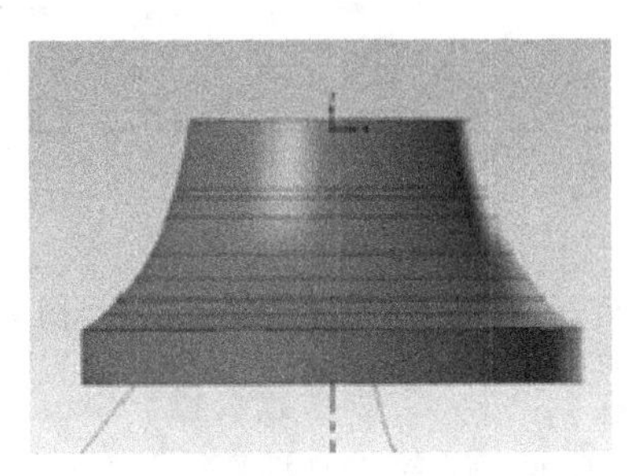

图9-24　毛坯实体生成

（二）叶轮加工参数设置与仿真加工

1. 建立机床群组

单击［机床］→［铣床］→［C\.........\GENERIC HNC TR_ SERIES 5X MILL MM. mcam－mmd］，如图9-25所示。

2. 选择［叶片专家］模块进行叶轮零件的［刀路］参数设置

单击［刀路］→［多轴加工］→［叶片专家］，如图9-26所示，弹出如图9-27所示的［多轴刀路-叶片专家］对话框。在该对话框中可以对加工所用刀具、刀柄、切削方式、自定义组件等参数进行设置。

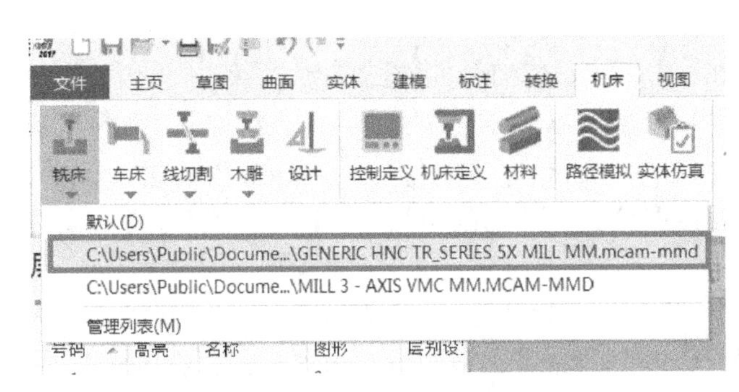

图9-25　华中五轴加工中心机床群组建立

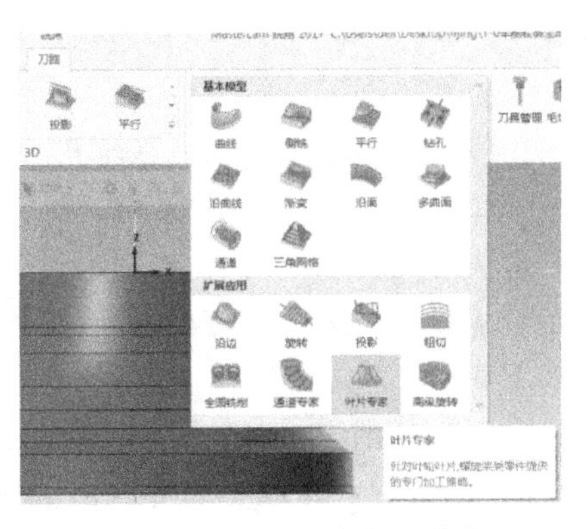

图9-26　［叶片专家］模块

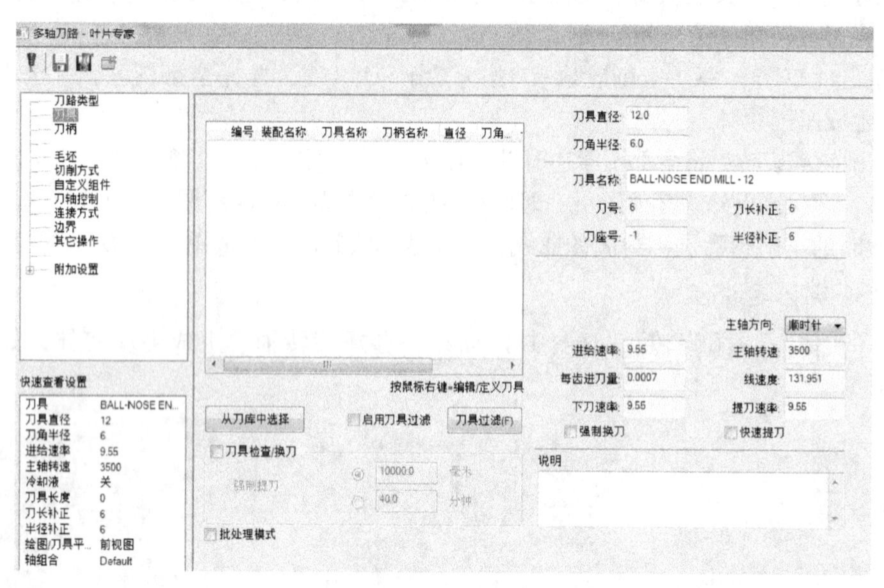

图 9-27 ［多轴刀路-叶片专家］对话框

（1）刀具参数设置　单击鼠标右键创建新刀具，选择［锥度刀］，参数设置如图 9-28 所示。设置［刀具直径］为［2］，［进给速率］为［1000］，［下刀速率］为［600］，［提刀速率］为［1200］，［主轴转速］为［8000］，其他参数设置如图 9-28 所示。

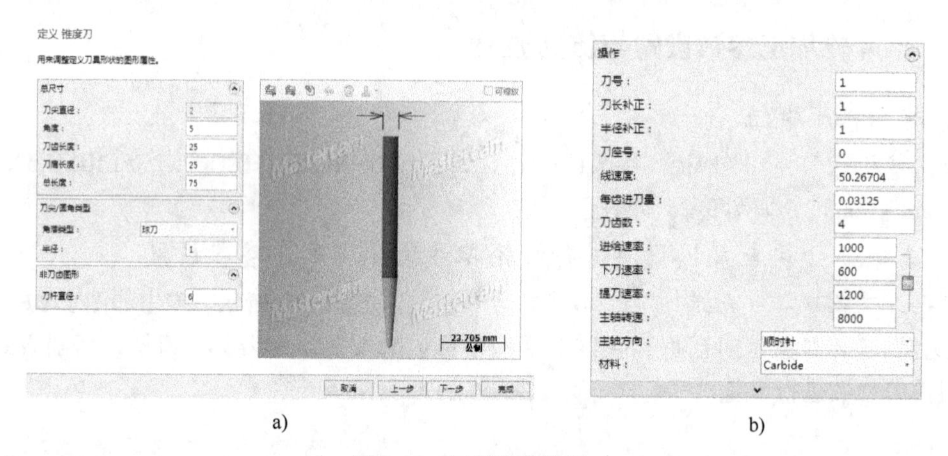

图 9-28 刀具参数设置

（2）刀柄参数设置　选择 B2C3－0016 刀柄，设置刀具夹持长度为［33］。

（3）切削方式参数设置　在［模式］栏中选择［加工方式］为［粗切］，选择［策略］为［与轮毂平行］，在［排序方式］栏中，选择［方式］为［双向-由前边缘开始，选择［排序］为［由内而外-顺时针］。［深度分层］、［切削间距（直径）］等其他参数设置如图 9-29 所示。

（4）切削方式参数设置　在［自定义组件］栏中设置［叶片与圆角］的［预留量］为［0.2］，设置［轮毂］的［预留量］为［0.0］，设置［区段数量］为［6.0］，在区段 1 中，设置［加工］叶片［指定数量］为［2］，其他参数如图 9-30 所示。单击［叶片与圆角］

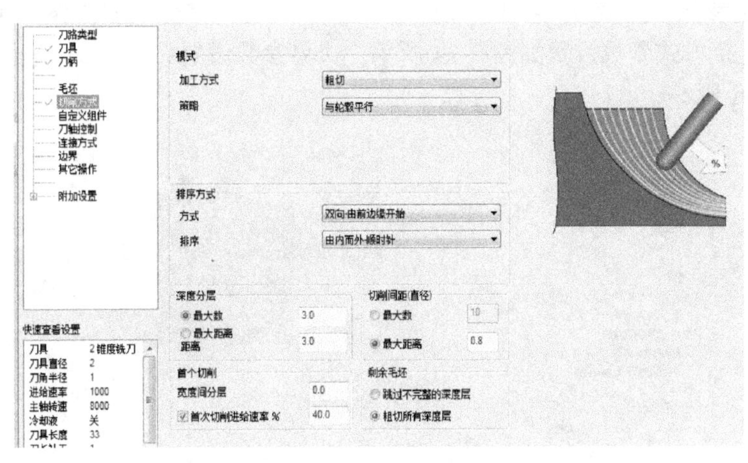

图 9-29　切削方式参数设置

旁边的箭头按钮，选择要粗加工的两个叶片（隐藏部分图层，选择图 9-31 所示的两个叶片）。单击［轮毂］旁边的箭头按钮，选择如图 9-32 所示的轮毂曲面。

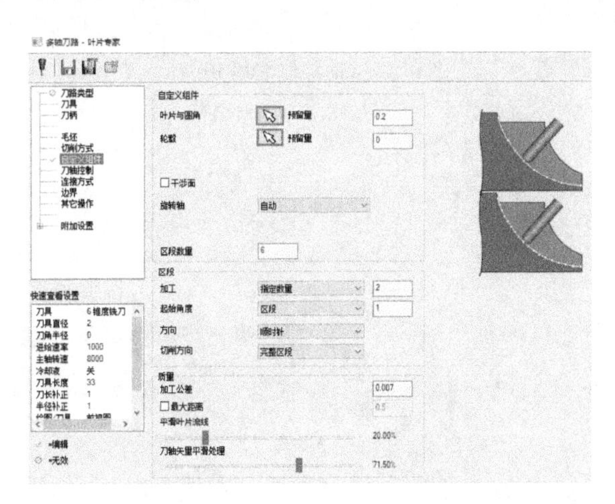

图 9-30　切削方式参数设置

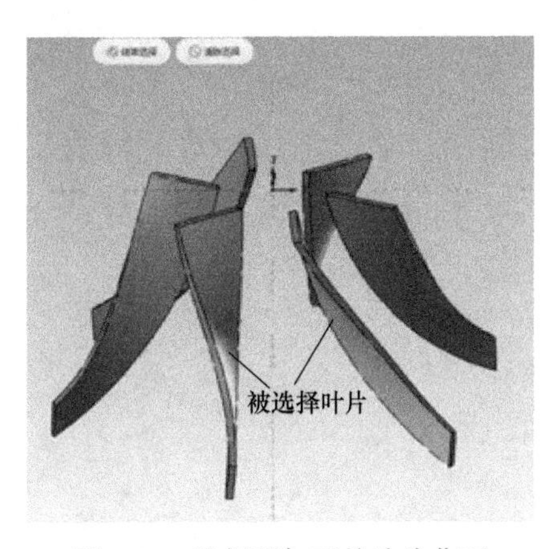

图 9-31　选择要加工的叶片曲面

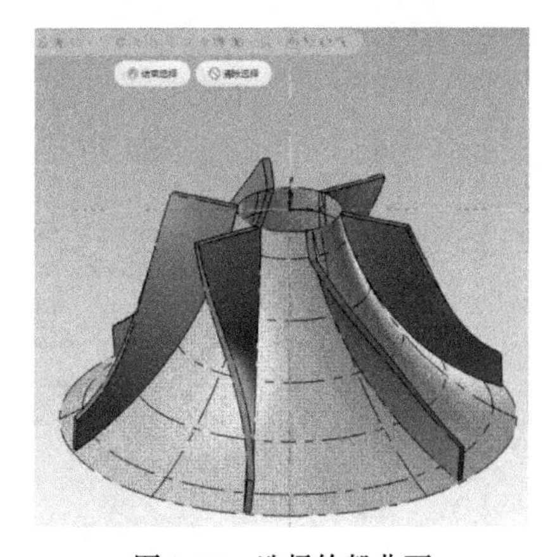

图 9-32　选择轮毂曲面

（5）轴控制参数、连接方式参数、边界参数、杂项变数参数设置　图 9-33 所示为轴控制参数设置，连接方式参数设置如图 9-34 所示，边界参数设置如图 9-35 所示，杂项变数参数设置如图 9-36 所示。

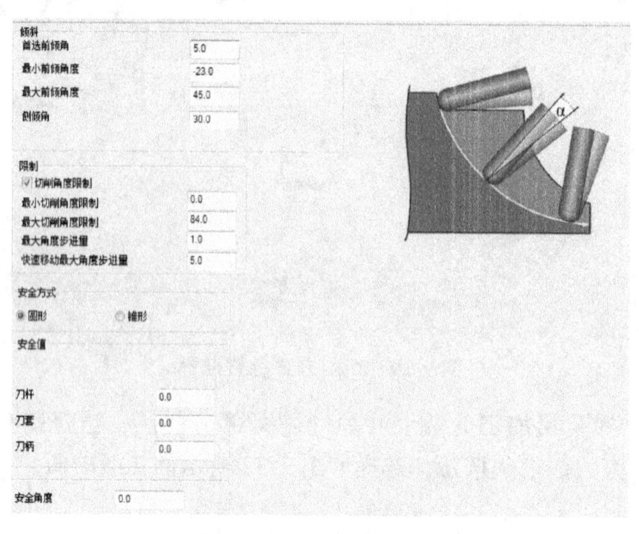

图 9-33　轴控制参数设置

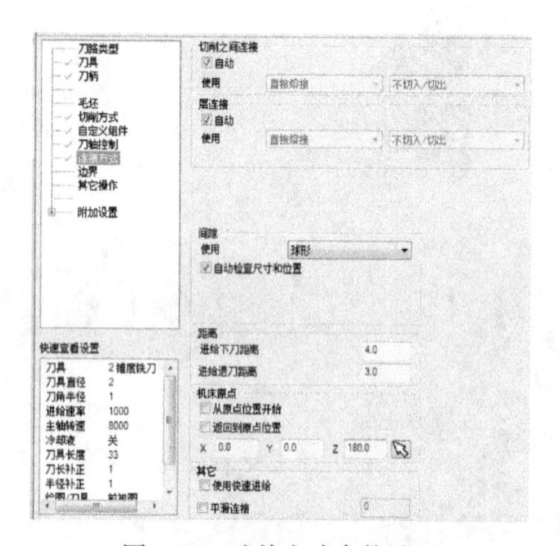

图 9-34　连接方式参数设置

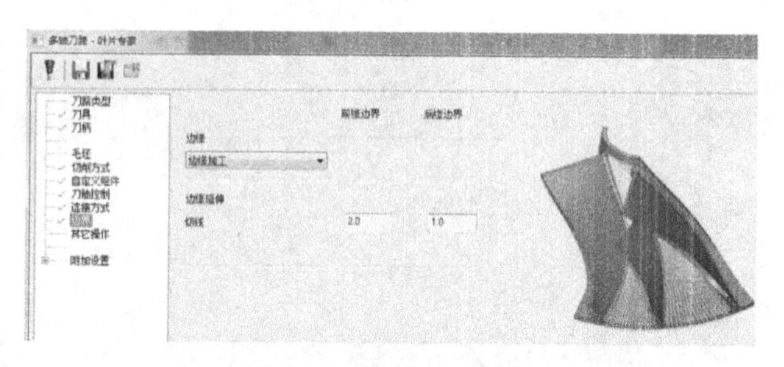

图 9-35　边界参数设置

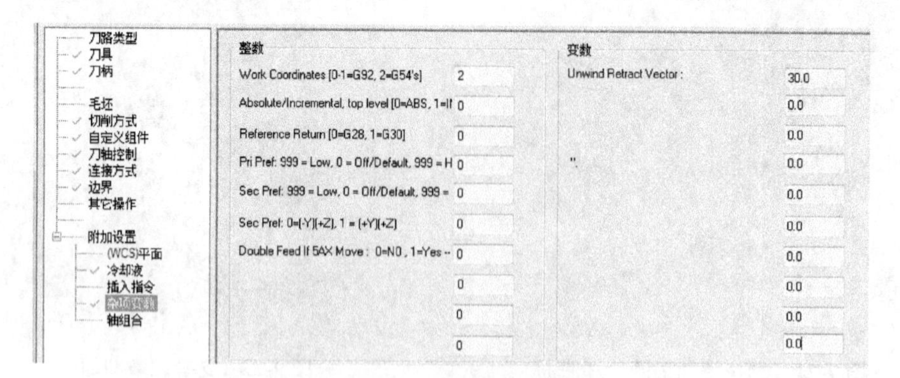

图 9-36　杂项变数参数设置

(6) 叶片1－2粗加工路径　叶片专家参数设置完成，单击［完成］按钮，生成如图9-37所示的加工路径，并修改刀路名称为［叶片1－2粗加工］。

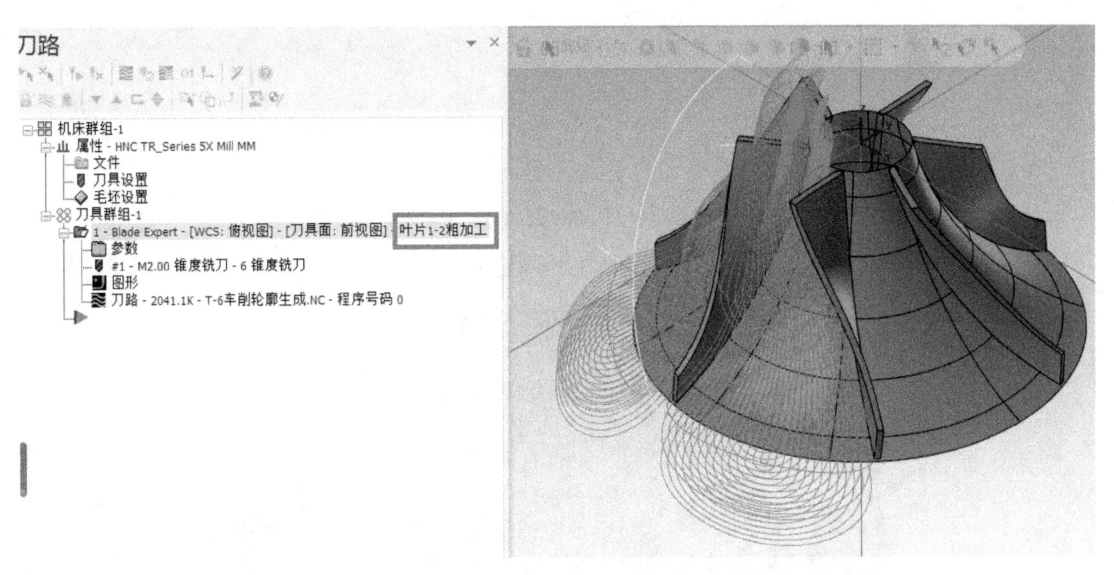

图9-37　叶片1－2粗加工

(7) 毛坯参数设置　单击［机床群组－1］→［属性］→［毛坯设置］，在［形状］复选框中选择［实体］，单击［实体］旁边的箭头按钮，打开毛坯实体图层，隐藏其他图层，单击毛坯实体，如图9-38所示。

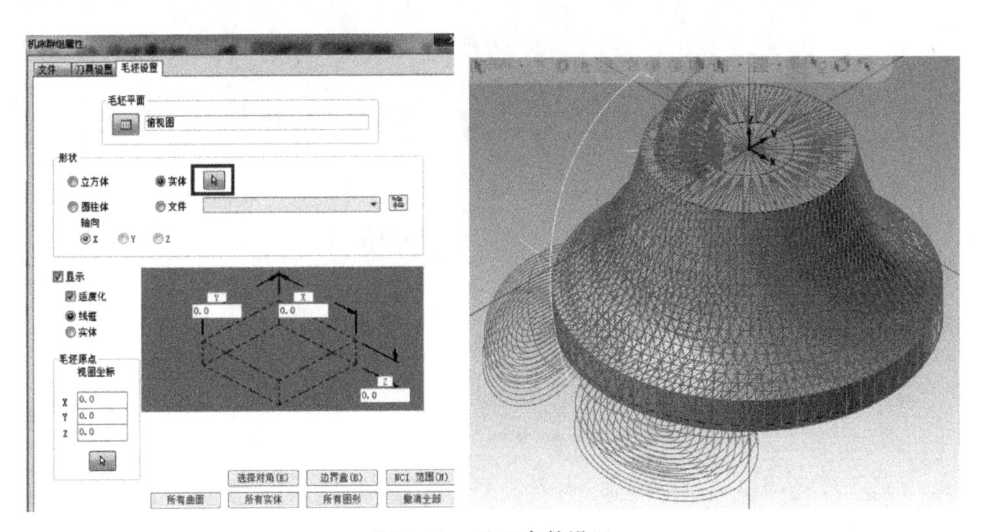

图9-38　毛坯参数设置

(8) 叶片1－2粗加工仿真　单击图9-39中的［验证已选择的操作］按钮，单击▶按钮，开始仿真加工，粗加工仿真效果图如图9-40所示。

(9) 叶片1－2精加工参数设置　复制叶片1－2粗加工刀路，如图9-41所示，修改刀路名称为［叶片1－2精加工］。双击［叶片1－2精加工］刀路中的［参数］，在粗加工刀路参数基础上修改精加工参数。

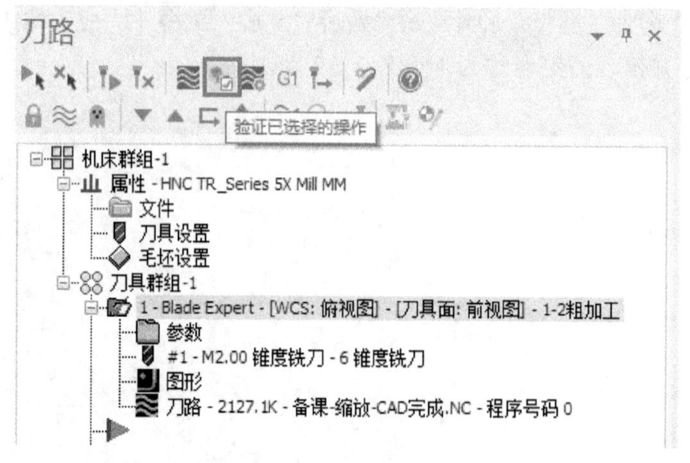

图 9-39　加工轨迹验证选择

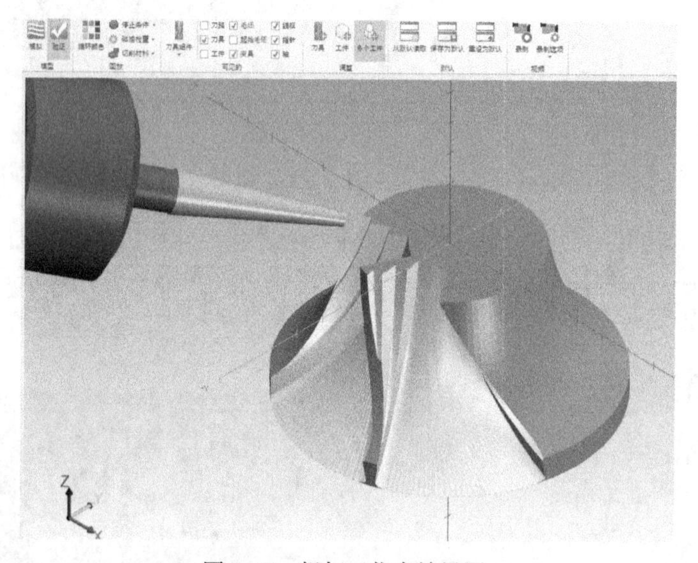

图 9-40　粗加工仿真效果图

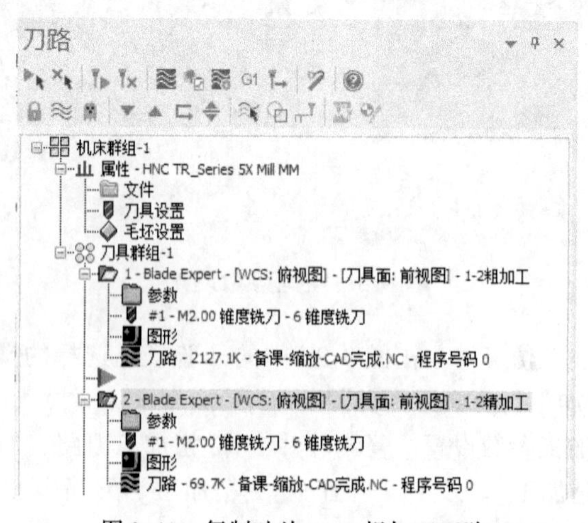

图 9-41　复制叶片 1－2 粗加工刀路

1）刀具参数修改。[进给速率] 修改为 [200]，其他参数不变。

2）切削方式参数修改。在 [模式] 栏中选择 [加工方式] 为 [精修叶片]，选择 [策略] 为 [侧铣]，如图 9-42 所示。

3）自定义组件参数修改。[预留量] 改成 [0.0]，精修叶片，不留余量。

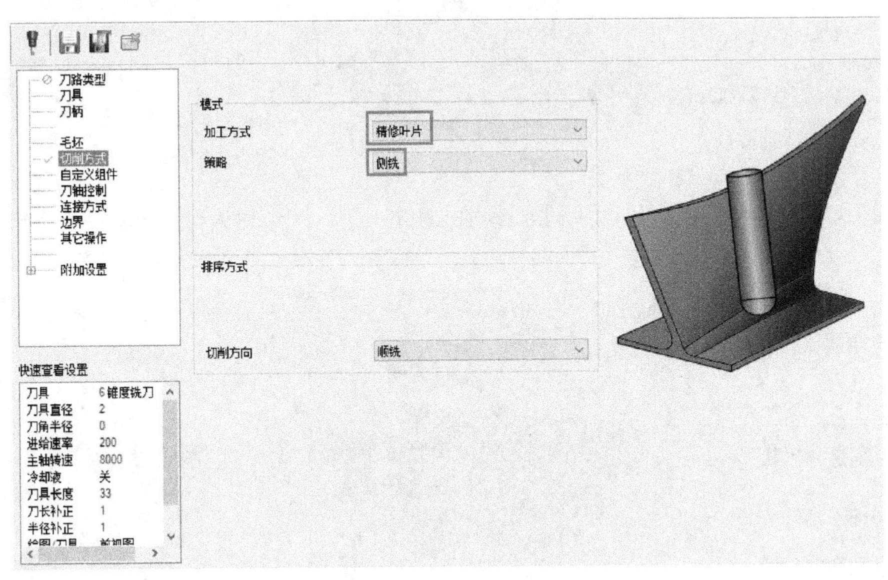

图 9-42　修改精加工“切削方式”参数

（10）叶片 1－2 精加工仿真　同时选中 [叶片 1－2 粗加工] 和 [叶片 1－2 精加工] 刀路，单击按钮，开始仿真加工，粗加工及精加工后仿真效果图如图 9-43 所示。

（11）叶片 3－4 粗、精加工　复制 [叶片 1－2 粗加工] 刀路，修改刀路名为 [叶片 3－4 粗加工]。将刀路参数中的区段 [1] 改为 [3]，如图 9-44 所示。复制 [叶片 1－2 精加工] 刀路，修改刀路名为 [叶片 3－4 精加工]，同样将区段 [1] 改为 [3]。刀路轨迹如图 9-45 所示，仿真加工效果图如图 9-46 所示。

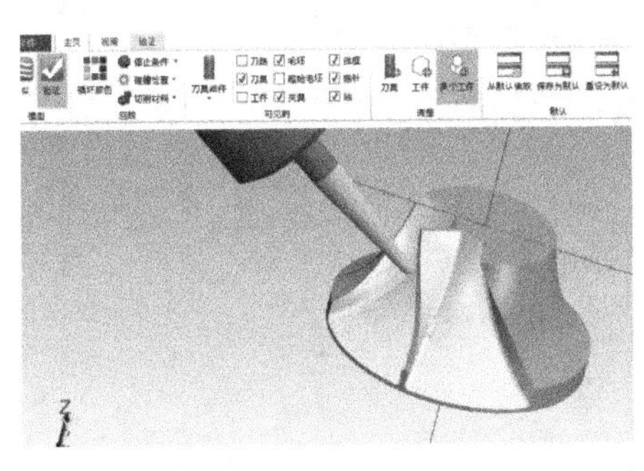

图 9-43　粗加工及精加工后仿真效果图

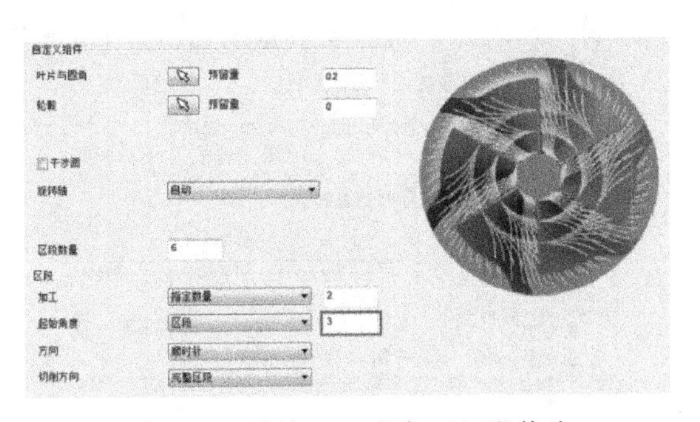

图 9-44　叶片 3－4 粗加工区段修改

（12）叶片 5－6 粗、精加工　参数修改与叶片 3－4 粗、精加工修改方法类似，将刀路参数中的区段 [3] 改为 [5]。刀路轨迹如图 9-47 所示，仿真加工效果图如图 9-48 所示。

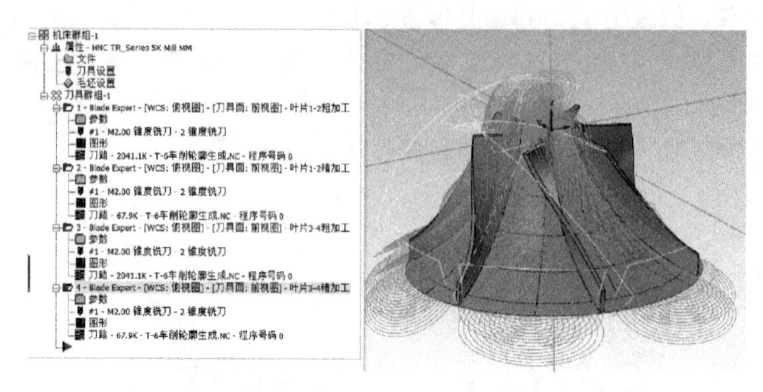

图 9-45　叶片 1 - 2 及叶片 3 - 4 粗、精加工轨迹

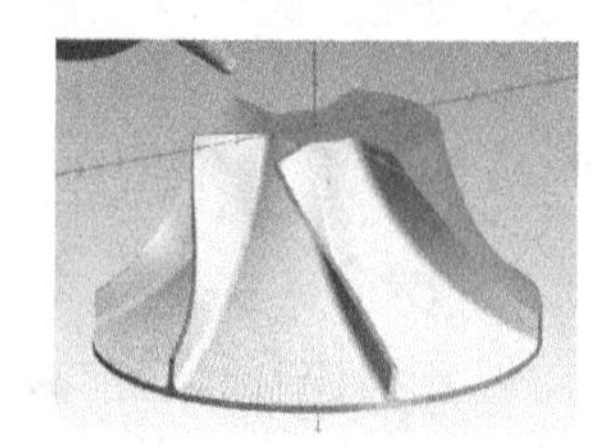

图 9-46　叶片 1 - 2 及叶片 3 - 4 粗、精加工仿真效果图

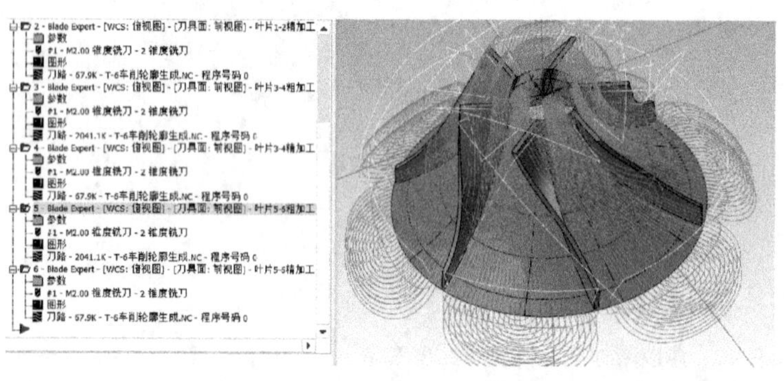

图 9-47　叶片 1 - 2、3 - 4 及 5 - 6 粗、精加工轨迹

图 9-48　叶片 1 - 2、3 - 4 及 5 - 6 粗、精加工仿真效果图

（三）NC 代码生成与修改

1）选中所有六个加工刀路，单击 G1 按钮（图 9-49），弹出［后处理程序］对话框，选

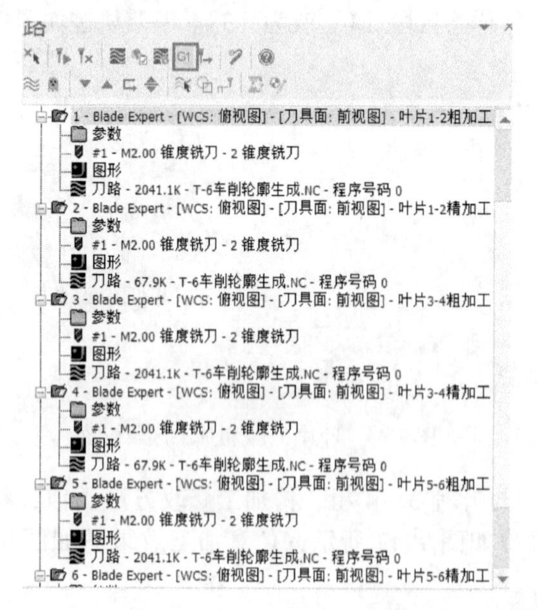

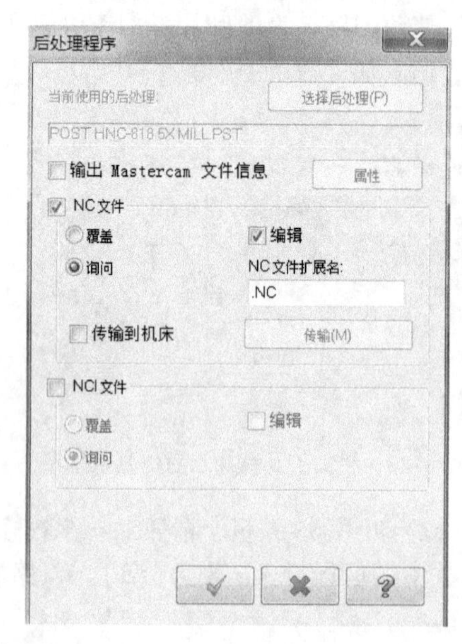

图 9-49　后处理过程

择［POST HNC－818JX MILL. PST］后处理器文件，生成 NC 加工程序，命名为［Oyelun］。

2）程序修改。修改第 1 行为［%1234］，将［G43］改成［G43.4］，在换刀指令前加入［M40］、［M42］指令，去掉程序尾的［G91 G28 Z0］和［G28 X0 Y0］两行指令。修改前后的程序头部分 NC 代码，如图 9-50 所示。

```
%
O0000(叶轮加工-2019-4-16-轮毂曲面、叶片曲面-车削轮廓-叶轮)
(DATE=DD-MM-YY - 29-05-20 TIME=HH:MM - 22:26)
(MATERIAL - ALUMINUM MM - 2024)
( T1 | 2锥度铣刀 | H1 )
N100 G21
N110 G0 G17 G40 G49 G80 G90
( 1-2粗加工 )
N120 T1 M6
N130 G0 G90 G54 X-14.418 Y1.4 A-283.319 S8000 M3
N140 G43 H1 Z11.072 M8
N150 X-12.302 Z9.555
N160 G1 X-9.052 Z7.223 F600.
N170 X-9.059 Y-.194 Z7.363 A283.983 F165.7
N180 X-9.056 Y-1.223 Z7.442 A284.408
N190 X-9.059 Y-1.665 Z7.482 A284.52 F100.6
N200 X-9.065 Y-2.129 Z7.518 A284.781 F224.
N210 X-9.067 Y-2.335 Z7.537 A284.863 F158.
N220 X-9.063 Y-2.529 Z7.564 A284.937
N230 X-9.05 Y-2.724 Z7.601 A285.009 F145.2
N240 X-9.004 Y-3.15 Z7.702 A285.154 F131.7
N250 X-8.974 Y-3.474 Z7.775 A285.253 F118.4
N260 X-8.943 Y-3.797 Z7.849 A285.351
N270 X-8.912 Y-4.12 Z7.924 A285.452
N280 X-8.88 Y-4.443 Z8.002 A285.546
N290 X-8.862 Y-4.604 Z8.043 A285.591 F108.4
N300 X-8.846 Y-4.766 Z8.082 A285.641 F120.5
N310 X-8.812 Y-5.09 Z8.162 A285.746
N320 X-8.766 Y-5.514 Z8.272 A285.871
N330 X-8.718 Y-5.939 Z8.384 A286.004
N340 X-8.703 Y-6.105 Z8.403 A286.202 F465.4
N350 X-8.689 Y-6.272 Z8.422 A286.399
N360 X-8.675 Y-6.437 Z8.441 A286.593
N370 X-8.66 Y-6.603 Z8.46 A286.784 F449.8
N380 X-8.644 Y-6.768 Z8.478 A286.972
N390 X-8.63 Y-6.932 Z8.497 A287.157 F439.5
```

a) 修改前的部分NC程序

```
%1234
O0000(叶轮加工-2019-4-16-轮毂曲面、叶片曲面-车削轮廓-叶轮)
(DATE=DD-MM-YY - 29-05-20 TIME=HH:MM - 22:26)
(MATERIAL - ALUMINUM MM - 2024)
( T1 | 2锥度铣刀 | H1 )
N100 G21
N110 G0 G17 G40 G49 G80 G90
N112 M40 M42
( 1-2粗加工 )
N120 T1 M6
N130 G0 G90 G54 X-14.418 Y1.4 A-283.319 S8000 M3
N140 G43.4 H1 Z11.072 M8
N150 X-12.302 Z9.555
N160 G1 X-9.052 Z7.223 F600.
N170 X-9.059 Y-.194 Z7.363 A283.983 F165.7
N180 X-9.056 Y-1.223 Z7.442 A284.408
N190 X-9.059 Y-1.665 Z7.482 A284.52 F100.6
N200 X-9.065 Y-2.129 Z7.518 A284.781 F224.
N210 X-9.067 Y-2.335 Z7.537 A284.863 F158.
N220 X-9.063 Y-2.529 Z7.564 A284.937
N230 X-9.05 Y-2.724 Z7.601 A285.009 F145.2
N240 X-9.004 Y-3.15 Z7.702 A285.154 F131.7
N250 X-8.974 Y-3.474 Z7.775 A285.253 F118.4
N260 X-8.943 Y-3.797 Z7.849 A285.351
N270 X-8.912 Y-4.12 Z7.924 A285.452
N280 X-8.88 Y-4.443 Z8.002 A285.546
N290 X-8.862 Y-4.604 Z8.043 A285.591 F108.4
N300 X-8.846 Y-4.766 Z8.082 A285.641 F120.5
N310 X-8.812 Y-5.09 Z8.162 A285.746
N320 X-8.766 Y-5.514 Z8.272 A285.871
N330 X-8.718 Y-5.939 Z8.384 A286.004
N340 X-8.703 Y-6.105 Z8.403 A286.202 F465.4
N350 X-8.689 Y-6.272 Z8.422 A286.399
N360 X-8.675 Y-6.437 Z8.441 A286.593
N370 X-8.66 Y-6.603 Z8.46 A286.784 F449.8
N380 X-8.644 Y-6.768 Z8.478 A286.972
N390 X-8.63 Y-6.932 Z8.497 A287.157 F439.5
```

b)修改后的部分NC程序

图 9-50 叶轮程序头部分 NC 代码

四、五轴加工中心操作及零件加工

华中 GL8－V 立式五轴加工中心（图 9-51）是五轴联动加工中心，其 *X*、*Y*、*Z* 轴行程均为 400mm，*A* 轴为摇篮式运动，行程为－42°～＋120°，*C* 轴为旋转轴，行程为 0°～360°，主轴最高转速为 12000r/min。加工中心配置华中 848 数控系统，该数控系统是 NCUC 工业现场总线式数控系统，具有多通道控制技术、五轴加工、高速高精度、车铣复合、同步控制等功能。

图 9-51 华中 GL8－V 立式五轴加工中心

下面将以华中 848 数控系统的 GL8－V 立式五轴加工中心为例，对叶轮的五轴加工操作方法进行讲解。

1. 开机

电源总开关上电，数控系统上电，系统稳定启动后，［急停］开关旋起，按［复位］键，机床处于正常运行状态，气源稳定供气。

2. 安装工件

将在车床上车削好的叶轮毛坯装夹到特制的叶轮夹具上，再将夹具装夹到五轴联动数控加工中心的气动卡盘上，操作面板上的［F2］键是卡盘夹紧和松开按键。

3. 设工件坐标系

1）使用 Z54 工件坐标系，借助百分表设定 X、Y 轴工件零点。首先将百分表安装到刀柄上，再将刀柄安装到主轴上。手动控制刀柄转动，使百分表测头触碰叶轮毛坯外侧，用手轮配合机床 X、Y 轴移动，当百分表测头围绕叶轮毛坯转动一周，指针读数左右摆动 2 格以内时，即认为达到对刀允许误差。此时，将光标移到 G54 的 X（或 Y）坐标处，单击［当前位置］，完成 X（或 Y）的工件坐标系零点设置。

2）借助塞尺和刀具长度补偿功能完成叶轮毛坯工件坐标系的 Z 轴零点设置（图 9-52）。用换刀指令，将叶轮加工所用刀具 T_1 安装到主轴上。用手轮控制 Z 轴，慢慢下降刀尖，当刀尖接近叶轮毛坯上表面时，用 0.1mm 的塞尺测试刀尖与叶轮毛坯表面距离，当插入塞尺松紧合适时，将此机床坐标位置 Z_1 记录下来。利用机外对刀仪测量加工刀具 T_1 的长度补偿值 H_1，Z 的零点坐标 $Z_0 = Z_1 - 0.1 - H_1$，将此 Z_0 值输入到 G54 的 Z 轴零点坐标处。

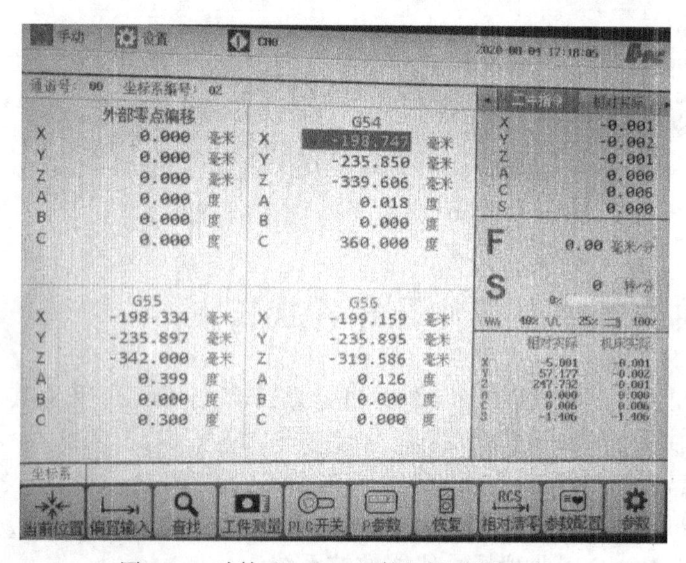

图 9-52　叶轮毛坯 Z54 工件坐标系设置界面

4. 传输叶轮数控加工程序，完成零件加工

需要注意的是，程序运行开始时的几行指令，要以单段运行方式运行，当加工正常、稳定运行后，再切换到自动运行方式，完成零件加工。

五、项目作业内容

1）学习 Mastercam 2017 软件的基本操作。

2）项目分组，每 3～5 人为一小组，各成员分工协作，利用 Mastercam 2017 软件完成叶轮模型的 CAD 设计。

3）完成叶轮加工工艺设计及刀具路径规划，并进行仿真加工。

4）选择合适的后处理软件，生成数控机床识别的 NC 程序。

5）学习五轴联动数控加工中心的基本操作，使用对刀、自动、MDI 等操作方式控制机床运动。

6）传输程序，完成叶轮零件加工。

“五轴联动加工技术及叶轮零件设计与加工”项目作业

日期：______年____月____日　　　　　　　　　　　指导教师：________

班级：________姓名：________学号：__________成绩：________

一、项目目标

二、项目作业内容

三、简述叶轮 CAD 建模过程

四、简述叶轮加工参数设置及加工工艺过程

五、提交叶轮 CAD 建模图、仿真加工演示图和零件加工成品照片

六、简述项目作业中遇到的问题及解决方案

基于智能产线的工业机器人作业轨迹编程

工业机器人作为先进制造业中不可替代的重要装备，其发展和应用是中国制造业走向高端化和智能化的重中之重。未来在“数字化、智能化、网络化”制造的大背景下，市场需求模式将会发生变革，即“定制化、个性化、灵巧性”的生产模式，工业机器人是实现智能工厂、智能产线运行的重要手段，将改变工业生产的模式并影响全球制造业的战略格局。

依托西安交通大学智能制造学科交叉创新实践平台开发的工业机器人作业轨迹仿真软件，以华数 HRT－6 工业机器人为原型，可以实现机器人轴关节、直角坐标、典型 I/O 控制仿真，还可以进行机器人离线编程。仿真机器人与智能产线中的数控机床、料仓、AGV 小车等设备配合，真实再现机器人基于智能产线的作业过程轨迹。导出的机器人程序能够控制产线中实体机器人的运动。虚实结合的机器人编程项目，能够让学生在开放、交互的虚拟环节和实操过程中快速掌握工业机器人的操作、编程、调试等专业知识。

一、项目目标

1）了解六自由度工业机器人的组成及性能。

2）掌握基于智能产线的工业机器人工作过程。

3）学习工业机器人虚拟仿真软件操作，掌握基于智能产线工业机器人作业轨迹与过程的离线编程方法。

4）通过虚实结合的工业机器人示教编程的学习，完成基于智能产线运行过程的机器人作业轨迹的编程与控制调试。

二、项目原理

1. 工业机器人的组成

一般来讲，第一代工业机器人由操作机、控制器、示教盒以及连接线缆组成，第二代、第三代工业机器人还包括环境感知系统和分析决策系统，分别由传感器以及配套软件实现。因此，工业机器人主要由控制系统、驱动系统、机械结构系统、机器人本体感知系统、外界环境感知系统和人机交互系统组成。

2. 工业机器人的自由度和关节

工业机器人的自由度是指描述机器人本体（不含末端执行器）相对于基坐标系（机器

人坐标系）进行独立运动的数目，一般以轴的直线移动、摆动或旋转动作的数目来表示。在三维空间中描述一个物体的位姿需要6个自由度。在机器人机构中，两相邻连杆绕着公共轴线的相对移动或绕轴线的相对转动构成一个运动副，称为关节，有移动关节、转动关节、球铰关节等。关节机器人也称关节手臂机器人或关节机械手臂，关节类似于人类的手臂，是当今工业领域中最常见的工业机器人形态之一，图10-1所示为六轴关节机器人的机械运动结构，其机身与底座处的腰关节、大臂与机身处的肩关节、大小臂间的肘关节，以及小臂、腕部和手部三者间的三个腕关节，都是转动关节。因此，该机器人具有6个自由度，其动作灵活、结构紧凑，适用于工业领域内的诸多机械化、自动化的复杂作业，如焊接、涂装、搬运、装配、堆垛、打磨等工作。

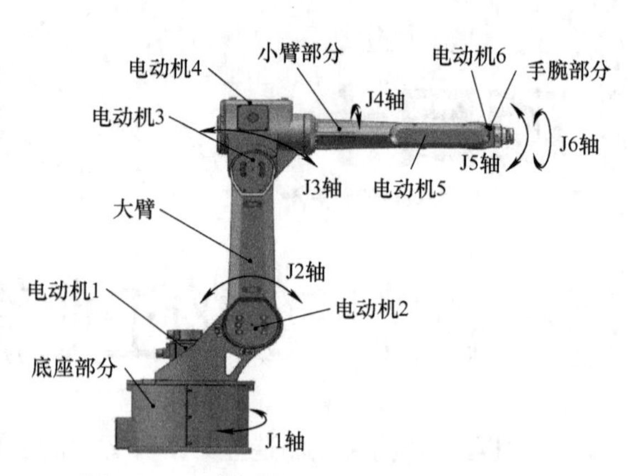

图10-1 六轴关节机器人的机械运动结构

3. 工业机器人的坐标系

坐标系是为确定机器人的位姿而在机器人或空间上进行定义的位置指标系统。工业机器人系统中常用的运动坐标系有基坐标系、关节坐标系（参见图10-1）、大地坐标系、工具坐标系和工件坐标系，如图10-2所示。

（1）基坐标系　基坐标系是机器人工具和工件坐标系的参照基础，也是工业机器人示教与编程时经常使用的坐标系之一。在工业机器人出厂前，其基坐标已由生产厂商设定好，用户不可以更改，一般定义在机器人安装面与第一转动轴的交点处。

（2）关节坐标系　关节坐标系的原点设定在机器人关节中心点处，反映了该关节处每个轴相对该关节坐标系原点位置的绝对角度，各轴均可实现单独正向或反向运动，如图10-1所示的J1轴～J6轴的运动方向。

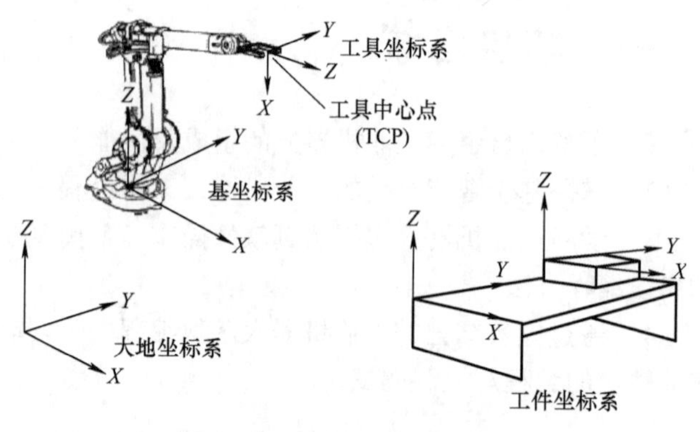

图10-2 工业机器人的坐标系

（3）大地坐标系　大地坐标系是机器人系统的绝对坐标系，是建立在工作单元或工作站中的固定坐标系，用于确定机器人与周边设备之间或者若干个机器人之间的位置。所有其他坐标系均与大地坐标系直接或间接相关。对于单个机器人而言，在默认情况下，其大地坐标系与基坐标系是重合的。

（4）工件坐标系　工件坐标系也称为用户坐标系，是用户对每个工作空间进行定义的直角坐标系。该坐标系以基坐标为参考，通常设置工件或工作台上，当机器人配置多个工件或工作台时，选用工件坐标系可使操作更为简单。当机器人运行轨迹相同、工件位置不同时，只要更新工件坐标系即可，无须重新编程。

（5）工具坐标系　工具坐标系的原点设置在机器人末端的工具中心点（Tool Center Point，TCP）处，未定义时，工具坐标系默认在连接法兰中心处，而安装工具且重新定义后，工具坐标系的位置会发生变化。工具坐标系的方向随腕部的移动而发生变化，与机器人的位姿无关。在进行相对于工件不改变工具姿态的平移操作时，选用工具坐标系最为合适。

机器人在关节坐标系下的动作是单轴运动，在其他坐标系下则是多轴联动。

4. 工作空间

机器人正常运行时，末端执行器工具中心点所能活动的范围空间又称可达空间或总工作空间。工作空间的大小和形状反映了机器人工作能力的大小。它不仅与机器人各连杆的尺寸有关，还与机器人的总体结构有关。机器人在作业时可能会因存在手部不能到达的作业死区而不能完成规定任务。由于末端执行器的形状和尺寸是多种多样的，生产厂家给出的工作空间一般是不安装末端执行器时可以达到的区域。图 10-3 所示为 HSR－JR612 机器人的工作空间。

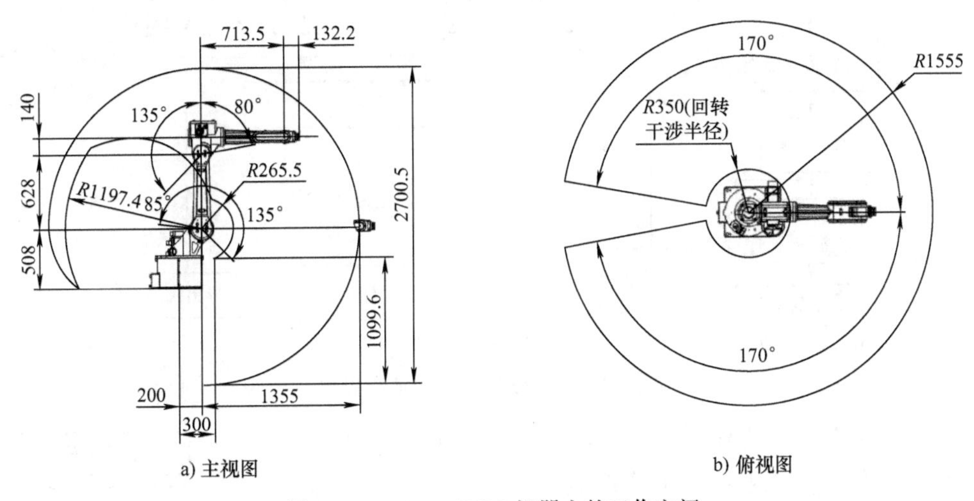

a) 主视图　　b) 俯视图

图 10-3　HSR－JR612 机器人的工作空间

三、工业机器人作业轨迹仿真软件功能及操作

为拓展智能制造学科交叉创新实践平台承载能力，西安交通大学自主开发了基于智能产线的工业机器人作业轨迹仿真软件，为虚实结合地开展工业机器人实践教学提供支撑平台。图 10-4 所示为虚实结合的智能制造产线系统。

1. 软件功能简介

该软件以 Web 开发语言进行编程，可运行于多种操作系统，如 Windows、Linux、iOS、Android 等，图 10-5 所示为仿真软件整体逻辑流程图。仿真软件主要围绕机器人的可视化仿真、运动学、坐标系标定、轨迹规划、示教编程等功能进行研究与开发，主要包括系统显示、运动控制、示教编程三大功能模块（图 10-6）。

软件中的工业机器人以华数 HRT－6 工业机器人为原型，仿真过程包括工业机器人运动

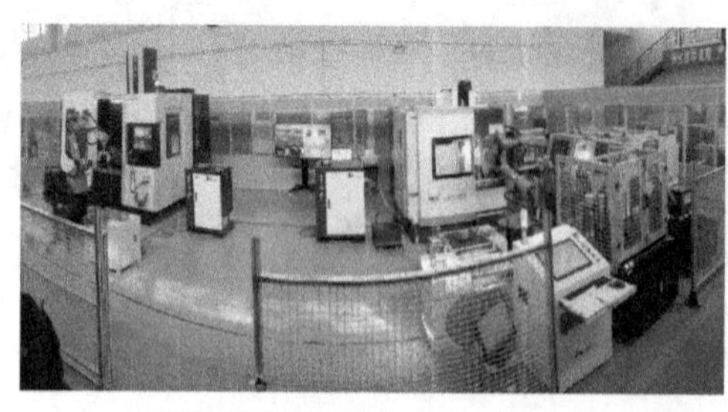

a) 智能制造学科交叉创新实践平台实体产线

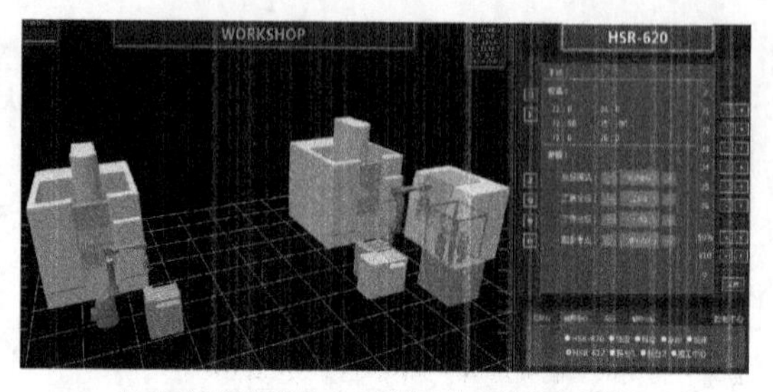

b) 基于智能产线的工业机器人作业轨迹仿真软件

图 10-4 虚实结合的智能制造产线系统

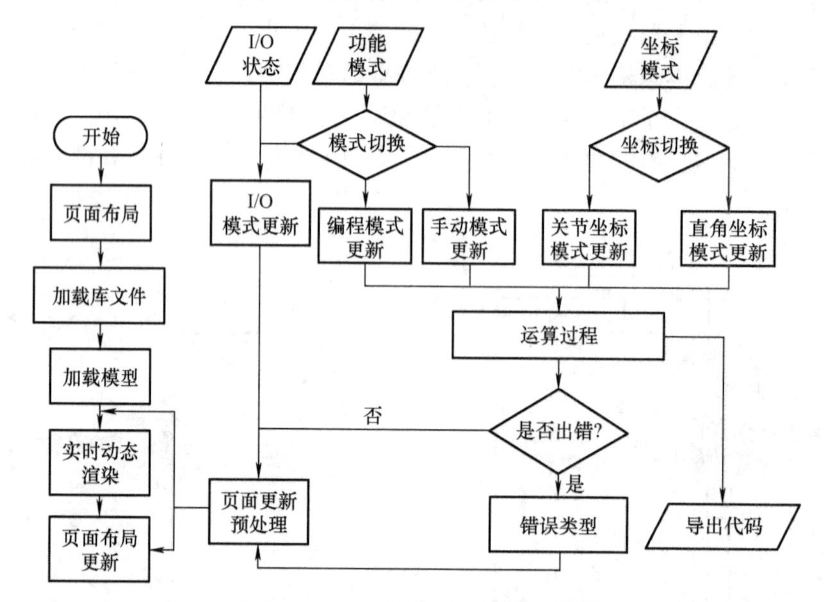

图 10-5 仿真软件整体逻辑流程图

过程的可视化仿真，轴关节、直角坐标、典型 I/O 控制仿真，工业机器人离线编程等过程。机器人与智能产线中的数控机床、料仓、AGV 小车等设备配合，真实再现了机器人搬运物料的作业过程轨迹。

2. 仿真软件操作模块

仿真软件主要包括基本操作、高级控制、项目实践三个操作模块（图 10-7）。

软件的操作主界面左侧为机器人仿真区，右侧为机器人运动控制区（图 10-8）。机器人仿真区为机器人运动可视化界面，可通过鼠标移动及鼠标滚轮滚动进行视角转换及缩放。基于华数机器人示教盒功能开发，机器人控制区

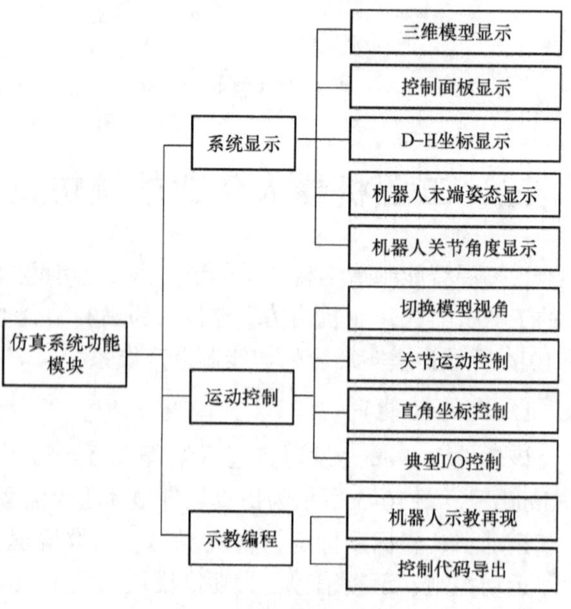

图 10-6 仿真软件功能模块

图 10-7　工业机器人仿真软件

的部分功能在仿真平台中做了适当简化。针对不同的功能模块，其控制区的界面显示稍有不同，但主要功能都包括区域标题、位姿控制按键、方式选择控制按键、运行控制按键、辅助按键等功能按键。图 10-9 所示为华数 HRT－612 机器人示教盒操作界面与仿真控制操作界面（高级控制模块下的控制界面）对比。下面针对软件三个模块的功能及操作做简要介绍，软件使用及操作详细内容参见《工业机器人仿真平台说明书》。

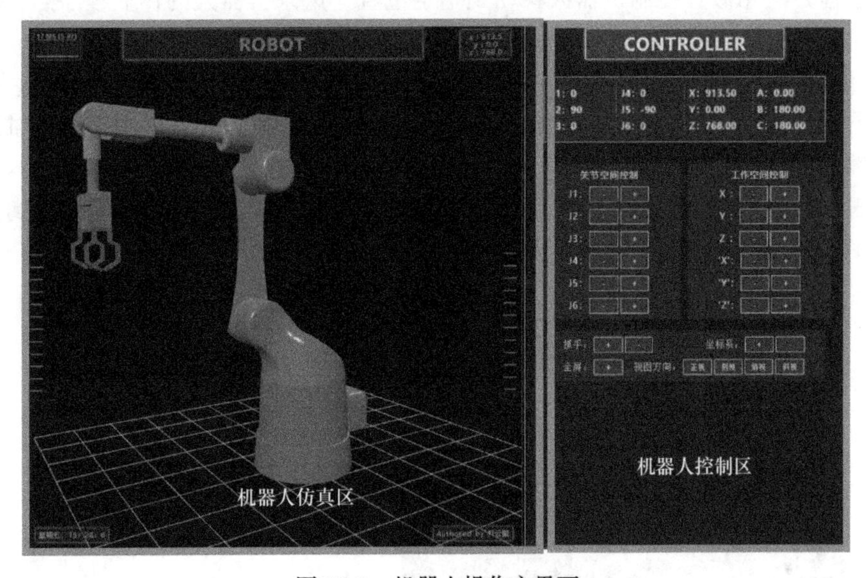

图 10-8　机器人操作主界面

（1）基本操作模块　如图 10-8 所示，软件基本操作模块的机器人控制区主要为 J1、J2、J3、J4、J5、J6 各关节位姿控制，坐标控制，视图切换，气爪开合，坐标显示等功能的基本操作。按 J1、J2、J3、J4、J5、J6 关节空间控制键中［＋］、［－］键可以控制各关节轴的运动方向，按工作空间控制键中的［＋］、［－］键可以进行空间坐标系位置控制。抓手的［＋］、［－］键分别表示末端执行器（气动抓手）的开合控制。坐标系［＋］、［－］表示七个 D－H 坐标系（包括基坐标系）的显示与隐藏。视图方向可以选择机器人的［正视

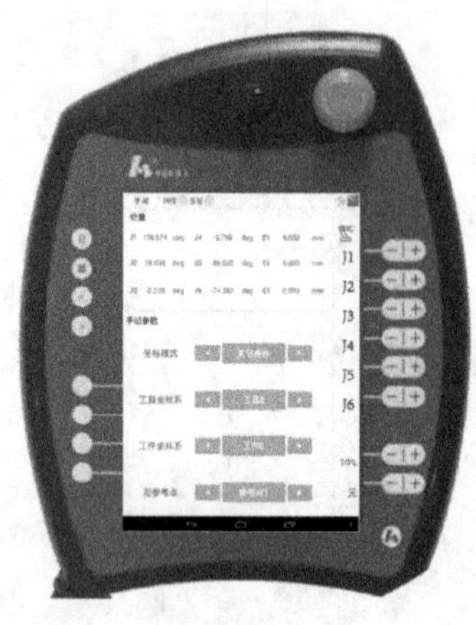

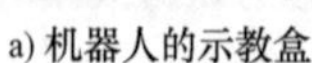

a) 机器人的示教盒

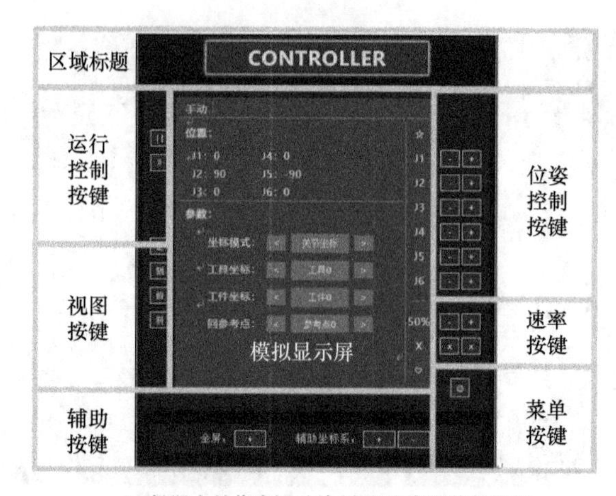

b) 机器人的仿真运动控制界面(高级控制模块)

图 10-9 机器人示教盒操作界面与仿真控制操作界面对比

图]、[侧视图]、[俯视图] 以及 [斜二测视图]，可配合鼠标滚轮操作以获得最佳视角。

(2) 高级控制模块 高级控制模块除了具有基本操作模块的功能外，还包括坐标模式切换功能，回参考点功能，手动、I/O、示教编程功能。其右侧的机器人运动控制区如图 10-9b 所示。示教编程功能是高级控制模块的核心功能。仿真机器人的示教编程方法与实体机器人编程方法相似，控制机器人移动到指定位置，记录机器人的作业程序点，通过示教功能再现机器人的运行轨迹。

单击 [新建] 按钮，进入示教编程状态，通过单击 [END] 按钮逐条添加关节运动、直角运动、气爪开、气爪关、等待等指令，生成多条程序代码，控制各关节、各轴运动到指定位置。编程完毕，单击 [运行] 按钮，机器人模型将逐条执行上述指令动作，再现机器人的运行轨迹。图 10-10 所示为示教编程界面及导出程序代码，该代码可以传输到智能产线中的华数 HRT－6 工业机器人中，并控制机器人运动。

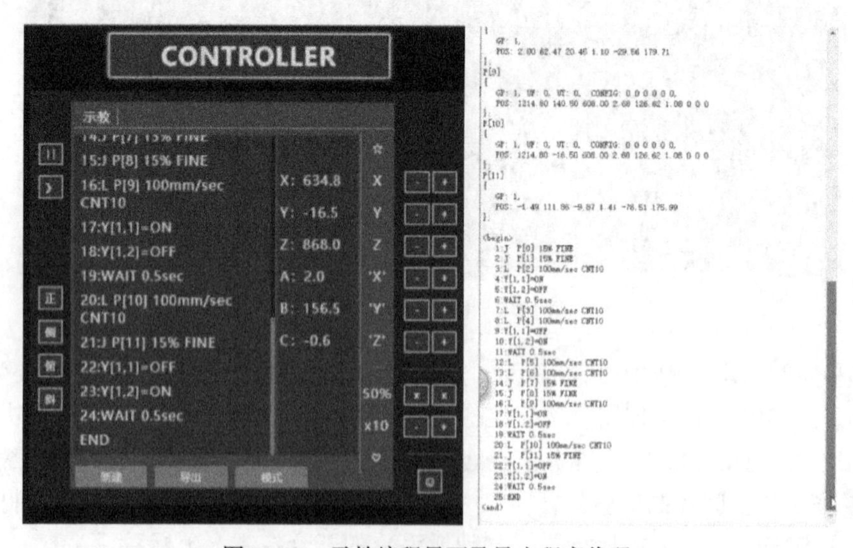

图 10-10 示教编程界面及导出程序代码

（3）项目实践模块　在项目实践模块，基于智能制造产线开发了料仓、数控车床、三轴加工中心、五轴加工中心、AGV 小车等智能设备仿真模型及对它们的控制功能，操作界面如图 10-11 所示。项目实践模块机器人仿真区包含了 HSR－JR612 与 HSR－JR620 两台机器人，可分别进行车铣中心工作站、五轴加工中心工作站的机器人作业轨迹编程。

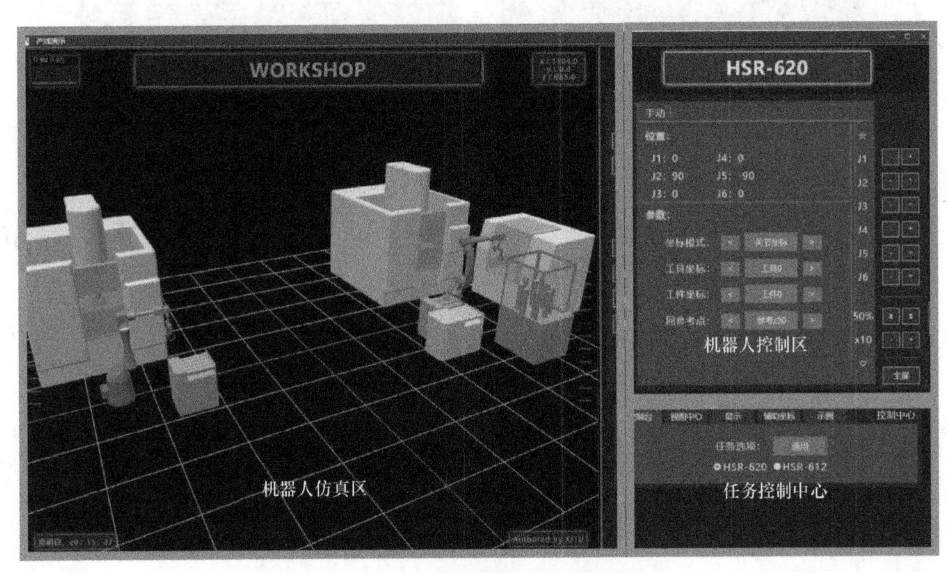

图 10-11　项目实践模块操作界面

通过选择［控制台］的［任务选项］（图 10-12），可以完成机床上、下料作业轨迹编程，车铣中心工作站作业轨迹综合示教编程，五轴加工中心工作站作业轨迹示教编程等项目作业内容。在［示例］选项卡中提供了机器人任务运行示例，可以为使用者提供智能产线机器人作业轨迹编程参考。为方便夹取物料时气爪与物料的对齐，添加了快速对准功能键，各按键功能见表 10-1。图 10-13 所示为仿真机器人在车铣工作站作业轨迹的仿真界面截图。

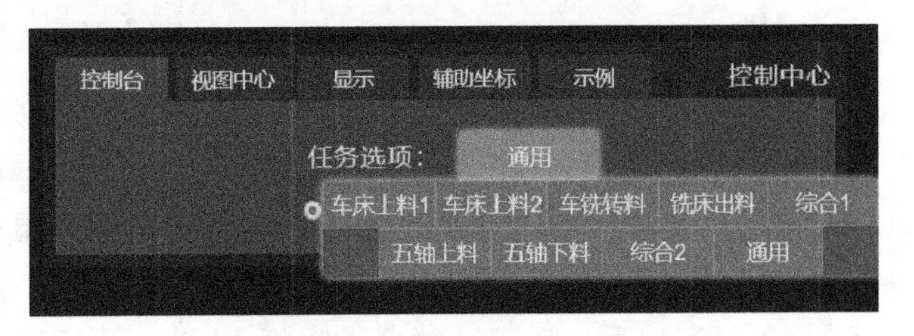

图 10-12　控制台任务选项卡

表 10-1　两台机器人的快速对准功能键

按键	HSR－JR620 机器人功能	按键	HSR－JR612 机器人功能
q/a	HSR－JR620 气爪 1／2 对齐料仓	z	HSR－JR620 回零
w/s	HSR－JR620 气爪 1／2 对齐车床	t/g	HSR－JR612 气爪 1／2 对齐 AGV
e/d	HSR－JR620 气爪 1／2 对齐铣床	y/h	HSR－JR612 气爪 1／2 对齐铣床
r/f	HSR－JR620 气爪 1／2 对齐 AGV	x	HSR－JR612 回零

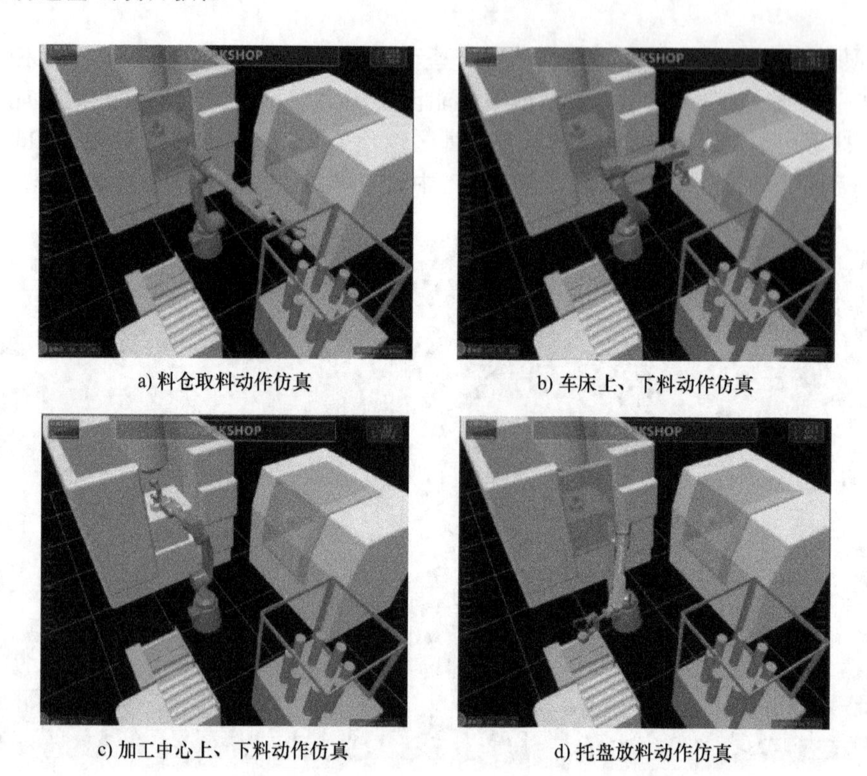

a) 料仓取料动作仿真　　b) 车床上、下料动作仿真

c) 加工中心上、下料动作仿真　　d) 托盘放料动作仿真

图 10-13　仿真机器人在车铣工作站作业轨迹的仿真界面截图

3. 软件使用基本流程与操作步骤

“基于智能制造的工业机器人作业轨迹与过程仿真实验”获批 2018 年度国家级虚拟仿真实验教学项目，通过国家虚拟仿真实验教学课程共享平台登录网站 http：//www. ilab - x. com/进行访问。首先，需要注册用户名，登录后，单击［实验中心］→［机械类］→［智能制造工程］，搜索［基于智能制造的工业机器人作业轨迹与过程仿真实验］，找到该实验（图 10-14）之后，单击［我要做实验］，进入西安交通大学仿真实验网站（图 10-15）。项目的实施过程如图 10-16 所示。

图 10-14　进入国家虚拟仿真共享平台选择项目

图 10-15　西安交通大学仿真实验网站

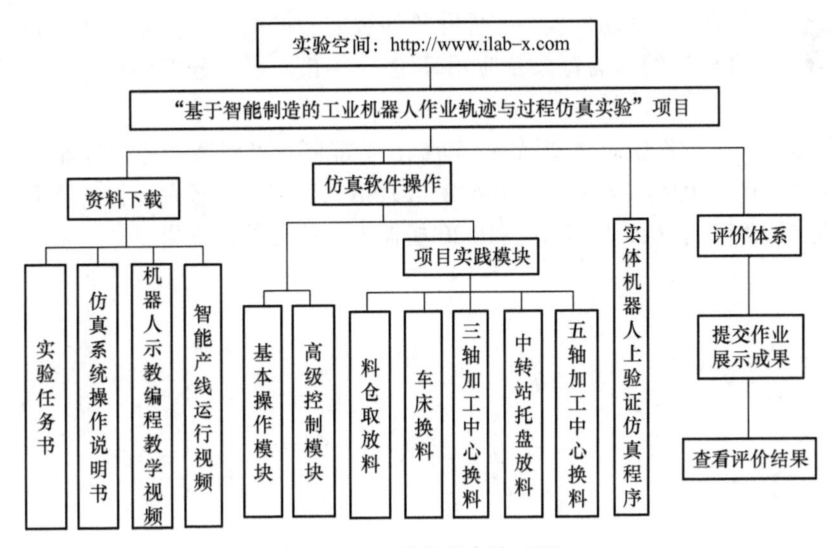

图 10-16　项目的实施过程

1）从网站下载“实验任务书”，了解项目内容与要求。

2）下载关于智能制造学科交叉创新实践平台的相关资料，如“智能产线运行动画视频”“智能产线叶轮加工与运转过程和工艺流程”，了解项目应用环境，掌握基于智能产线的工业机器人运转物料作业过程。

3）单击［做实验］→［软件平台］跳转到［工业机器人仿真平台］系统。单击［软件学习］按照操作手册和教学视频，自学基本操作、高级控制模块内容，掌握虚拟仿真软件基本操作和示教编程方法。

4）在项目实践模块，完成基于智能制造产线机器人作业轨迹的离线编程实践。

① 小组分工，设计机器人某一作业轨迹的方案，这些机器人作业轨迹包括：料仓取放料、车床上/下料、三轴加工中心上/下料、五轴加工中心上/下料、中转站与 AGV 小车换料等作业轨迹。

② 在［项目实践］模块的［任务选项］模块中选择项目作业内容，并完成示教编程。

③ 示教编程结束后，按软件系统左侧［》］开始按钮，演示机器人作业轨迹仿真效果。仿真无误之后，单击［完成/导出］按键，程序代码可以导出，同时提交国家虚拟仿真实验网数据中心。在演示机器人作业轨迹仿真效果的同时，可以录屏，在网站的［评价体系］中上传视频（视频大小不要超过 50M）。

④ 在完成“工业机器人操作与示教编程”项目的基础上，练习智能产线中 HSR－JR612 与 HSR－JR620 机器人的操作与编程。

⑤ 对示教编程导出的程序代码做出适当的修改后，传输到智能产线的实体机器人中，验证其仿真效果。

⑥ 教师可以登录后台系统，评阅学生上传的程序代码、视频及项目报告，代码及视频审核通过后，可在［评价体系］→［项目展示］中查看本小组及其他小组同学的作业。

四、项目作业内容

1）通过基于微型涡喷发动机核心零件叶轮的智能生产的现场演示及工艺流程，掌握机器人虚实结合的作业轨迹编程的背景及应用环境，4～5 人小组分工协作，设计机器人无干涉作业轨迹方案。

2）利用虚拟仿真软件编制微型涡喷发动机在智能制造产线智能运行过程的示教程序。

3）熟练操作产线上的实体 HSR－JR612 与 HSR－JR620 机器人，将仿真系统编制好的示教程序传输至 HSR－JR612 与 HSR－JR620 机器人，验证仿真效果。

“基于智能制造产线的工业机器人作业轨迹编程”项目作业

日期：______年____月____日　　　　　　　　　　　　指导教师：________

班级：________姓名：________学号：__________成绩：________

一、项目目标

二、项目作业内容

三、比较虚拟仿真系统示教编程与实体机器人示教盒示教编程的方法的相同点与不同点

四、设计微型涡喷发动机叶轮在智能产线各设备间运转的作业轨迹方案（运转设备不少于三台），**导出离线编程程序，并在虚拟仿真系统的**［评价体系］**中提交程序代码及仿真演示视频**

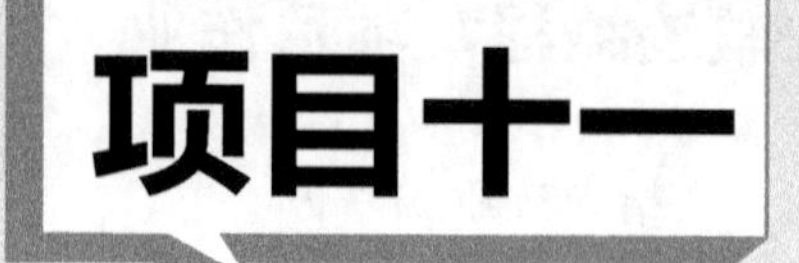

基于Plant Simulation软件的产线建模仿真分析

智能制造系统是一种由智能机器和人类专家共同组成的人机一体化智能系统，涉及的装备多，技术复杂，整个系统构建成本高，占用实验室空间大。在实际教学过程中，教学任务重，往往多个班级需要在短时间内同时完成项目作业内容，在项目实施过程中常常出现“人等设备”或“设备等人”的情况，严重影响设备的使用率和教学效果。而基于虚拟仿真技术的教学自由度高、交互性强、安全性高，可修改参数，设计极端条件下的运行。Plant Simulation 可以对各种规模的生产系统和物流系统进行建模、仿真，学生通过虚拟仿真可以了解加工制造全过程，掌握产线的分析方法，深刻理解制造产线的生产、物流管理等。

一、项目目标

1）了解生产系统的基本构成。

2）学习 Plant Simulation 软件操作，掌握根据加工工艺进行产线建模的方法。

3）掌握产线性能分析的方法。

二、项目原理

1. Plant Simulation 简介

Plant Simulation 是德国西门子股份公司开发的用于实现工厂、生产系统、物流系统仿真的工业软件，广泛应用于汽车、电子、机场、港口、立体仓库、造船等。Plant Simulation 可以对各种规模的生产系统和物流系统进行建模、仿真，可以根据不同大小的生产订单与混合产品的生产，优化生产布局、资源利用率、产能效率、物流供需链等。其主要功能特点如下：

1）可仿真复杂的生产系统和控制策略。

2）可自顶向下渐进性建立仿真模型，复杂系统可构建层次结构，模型层次个数不受限制，可通过多个子模型构建复杂模型，易于管理和维护。

3）具有专门的软件对象资源库，用于迅速、有效地仿真典型情况。

4）可进行 2D 与 3D 交互性分析。

5）可使用图形（如直方图、饼状图、线状图等）、图表分析产线的产量、资源和瓶颈等。

6）具有丰富的分析工具，包括自动瓶颈分析、Sankey（桑基）图、甘特图等。

7）具有遗传算法、实验管理器和神经网络等多种优化仿真工具，可对生产系统参数进行优化分析。

8）具有开放式结构，有着强大的集成能力和许多标准接口，支持多种界面和一体化功能。

9）提供了 SimTalk 编程语言，可通过编程进行建模，实现对仿真流程的控制。

2. 软件基本界面

启动 Plant Simulation 软件，软件开始界面如图 11-1 所示，由此界面可以新建、打开模型，查看入门示例、视频、教程等。新建一个模型即可进入软件建模界面，如图 11-2 所示，该界面主要包括主工具条、类库（结构目录）、工具箱、建模区域等，类库包含整个工具箱的建模对象和分析工具以及模型。类库中的建模对象和分析工具一般不要直接修改，可在模型目录下新建子目录，存放建模需要的对象。建模对象主要包括物料流、流体、资源、信息流、用户界面等。

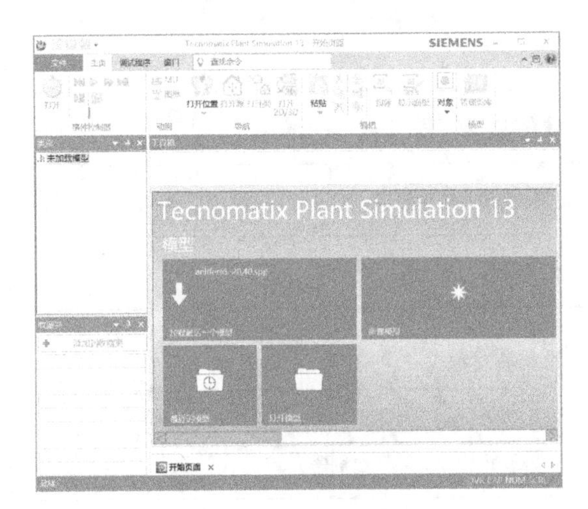

图 11-1　软件开始界面

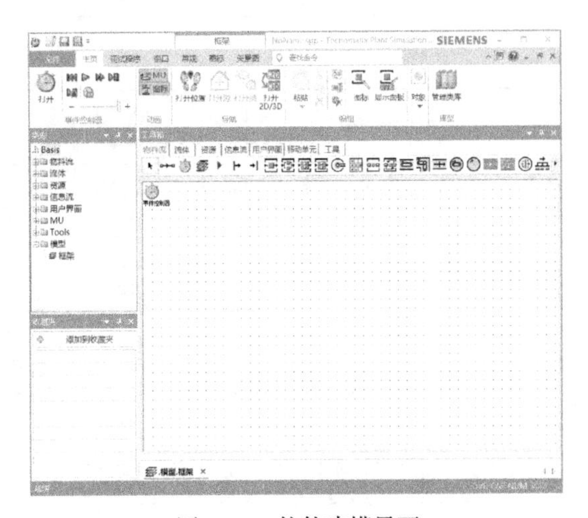

图 11-2　软件建模界面

（1）物料流对象　物料流对象主要分为控制和框架类、生产类及运输类。控制和框架类主要用于搭建模型框架，控制仿真等，主要功能见表 11-1。生产类主要指工站、缓存区等用于生产或存储工件的设备，见表 11-2 。运输类主要指传送带、轨道等与运输有关的设备，见表 11-3。

表 11-1　控制和框架类物料流对象

名称	图标	主要功能
连接器/Connector		连接物流对象
时间控制器/EventController		控制仿真事件
框架/Frame		代表层式结构的子框架
界面/Interface		层式结构接口
流量控制/FlowControl		控制由一个工位到多个工位的流量

表 11-2 生产类物料流对象

名称	图标	主要功能
源/Source		产生移动单元（MU）
物料终结/Drain		回收移动单元（MU）
单处理/SingleProc		单工位工站，只能处理一个工件
并行处理/ParralleProc		多工位并行工站，可同时处理多个工件
装配/Assembly		装配工站
拆卸站/Disassembly		拆卸工站
存储/Store		存储工站
缓存区/Buffer		缓存区、暂存区
排序器/Sorter		带排序功能的缓存区
周期/Cycle		控制循环

表 11-3 运输类物料流对象

名称	图标	主要功能
拾取并放置/PickAndPlace		拾取并放置工件，如机器人
线/Line		输送线
角度转换器/AngleConverter		转换输送线方向
转换器/Converter		物料转换器，可实现物料运输方向转换
旋转输送台/Turntable		旋转输送工件，只能同时输送一个工件，可连接多个输出物料流对象
转盘/Turnplate		转盘，只能同时输送一个工件，有唯一出口
轨道/Track		单车道路线，指 AGV 小车等运输工具的轨道
双通道轨道/TwoLaneTrack		双车道路线，指 AGV 小车等运输工具的轨道

（2）资源对象。资源对象主要为仿真运行提供或调配资源，主要包括工作区、人行通道、班次日历、工人、工人池等（表 11-4）。

表 11-4　资源对象

名称	图标	主要功能
工作区/WorkPlace		工位
人行通道/FootPath		人行道
工人池/WorkPool		工人池
工人/Worker		工人
导出器/Exporter		服务提供者
协调器/Broker		资源调度者
班次日历/ShiftCalendar		日程表
停工区/LockoutZone		停工区

（3）信息流对象　信息流对象是仿真中用于控制、传递和收集信息的对象，见表 11-5。

表 11-5　信息流对象

名称	图标	主要功能
方法/Method	M	由 SimTalk 语言编写代码，控制仿真系统
变量/Variable	n=1	全局变量，传递信息
表文件/TableFile		提供或记录信息
卡文件/CardFile		提供或记录信息
堆叠文件/StackFile		提供或记录信息
队列文件/QueueFile		提供或记录信息
时间序列/TimeSequence		提供或记录信息
触发器/Trigger		定时或周期触发，控制何时产生 MU
生成器/Generator		控制如何产生 MU

（4）用户界面　用户界面包括用来显示仿真模型相关信息的图表和创建用户自定义界面的按钮、下拉列表框等。其中图表可用来分析产线的产量、资源和瓶颈。

（5）移动对象　移动对象包括实体、容器和小车，实体指系统中的工件、被处理对象；容器指装在工件的装置，如托盘等；小车指运输设备，如叉车、AGV 小车等。实体和容器为被动移动对象，小车为主动移动对象。

（6）工具　工具主要用于观察和分析模型，将关注的结果可视化，常用分析工具包括

Bottleneck Analyzer、Sankey Diagram、Energy Analyzer、GAWizard、Transfer Station 等。

Bottleneck Analyzer：瓶颈分析，可视化物流对象的标准统计信息，对数据排序并列成表。

Sankey Diagram：流量密度曲线，可视化 Sankey 图中物料的流动。

Energy Analyzer：能量分析器，评估系统中设备的能量消耗。

GAWizard：遗传算法，使用遗传算法优化分析。

Transfer Station：中转站，将零件加载、卸载或传送到容器、小车或传送带；从容器、小车或传送带对零件进行加载、卸载或传送。

三、仿真分析案例

某工厂生产某产品，每个产品由一个零件1和两个零件2组装而成，工艺路线如图11-3所示，各工位加工时间及相关工艺参数见表11-6。根据已知条件，建立产线仿真模型，对产线的瓶颈、设备利用率、物料流量等进行分析。

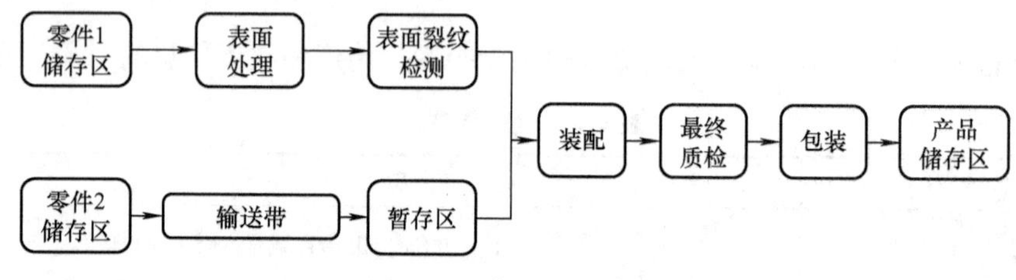

图11-3 产品工艺路线

表11-6 加工时间及相关工艺参数

工艺名称	总工艺时间/s	设备台数
零件1表面处理	60	2
零件1表面裂纹检测	25	1
装配	70	1
最终质检	45	1
包装	25	1

1. 建立仿真模型

1）启动软件，新建一个模型。单击［类库］→［模型］，右击［新建文件夹］，命名为［MU］，用来保存模型要用到的实体。打开［类库］→［模型］→［MU］，选中实体，右击复制两个实体，并分别命名为［lingjian1］和［lingjian2］。按住［Shift］键，分别单击［lingjian1］和［lingjian2］，将其拖入［类库］→［模型］→［MU］文件夹中，得到结果如图11-4所示。

2）在建模区域添加两个源、五个单处理、一个装配、一个线、一个缓冲区、一个物料终结，并按照工艺路线将各个对象重命名，按住［Ctrl］键，用连接器将各个对象连接起来，如图11-5所示。

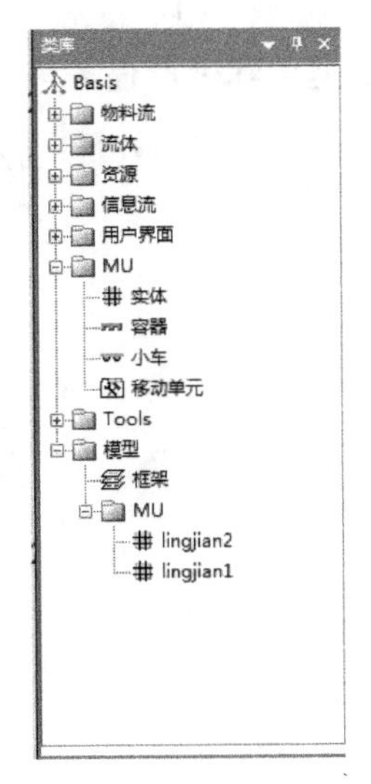

图 11-4　建立框架 MU

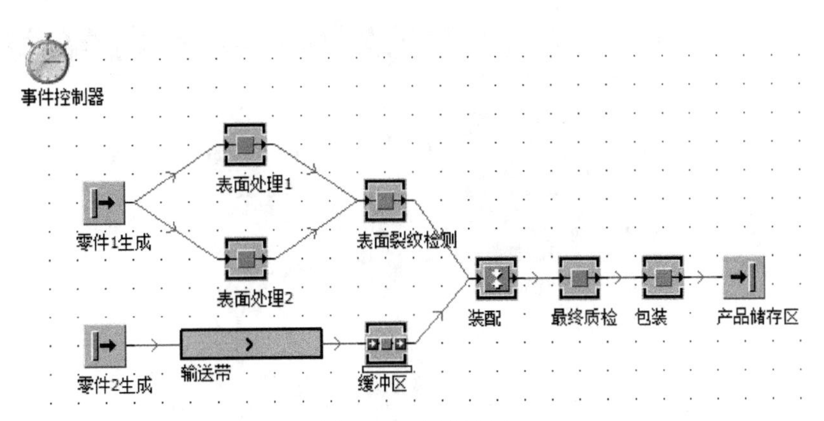

图 11-5　基本模型

3）设置各个工位加工时间。例如，双击［表面处理 1］，打开［. 模型 . 框架 . 表面处理 1］对话框，如图 11-6 所示，在［处理时间］文本框中输入［1:00］，表示 60s。［处理时间］为常数时，输入［10］，应用后显示为［0:10］，代表 10s，1:表示 1min，1::表示 1h，1:::表示 1 天（d）（注意必须在英文输入法下输入时间）。按照同样的方法设置其他工位的［处理时间］。

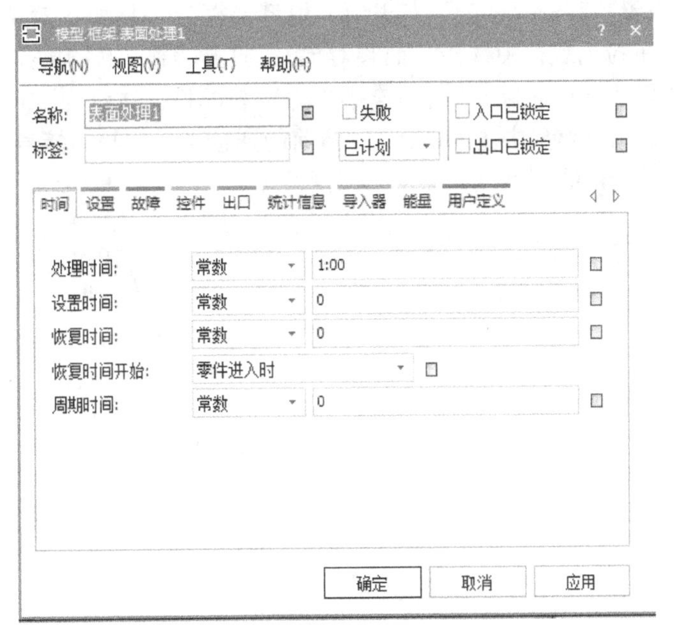

图 11-6　工站属性设置

4）设置零件生成（源）。双击［零件 1 生成］，打开［. 模型 . 框架 . 零件 1 生成］对话框，在［MU］下拉列表框中选择［*. 模型 . MU. lingjian 1］，如图 11-7 所示。在［. 模型．框架．零件 2 生成］对话框中，选择［MU］下拉列表框中的［＊．模型．MU. lingjian 2］。将［间隔］设置为［0:15］，表示每 15s 生成一个零件。这里可以根据实际生产任务进行设置，不详细展开介绍。

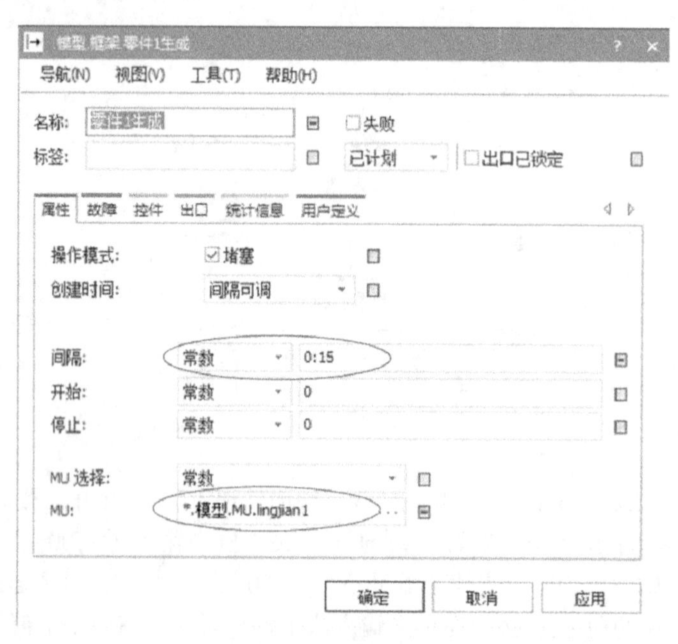

图 11-7　源属性设置

5）装配工站设置。双击［装配］打开［．模型．框架．装配］对话框，如图 11-8 所示。在［装配表］下拉列表框中选择［前趋对象］，打开表格，Predecessors 为前趋连接号，前趋连接号 1 指主零件，数量为 1，前趋连接 2 为次装配件，数量为 2，一般选择数量为 1 的零件作为主零件。前趋对象中主 MU 为 1，指前趋连接号。前趋连接号根据连接的顺序确定。至此建立完成整个产线模型，如图 11-9 所示。

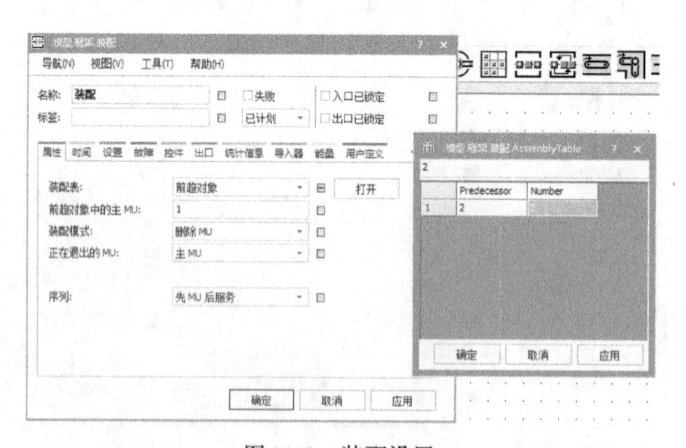

图 11-8　装配设置

6）运行仿真，双击［事件控制器］，弹出［．模型．框架．事件控制器］对话框如图 11-10 所示。可以通过该界面重置模型、运行模型、调整运行快慢等。

7）层次化结构建模，对于复杂模型，Plant Simulation 可以设置层次化结构来简化模型，

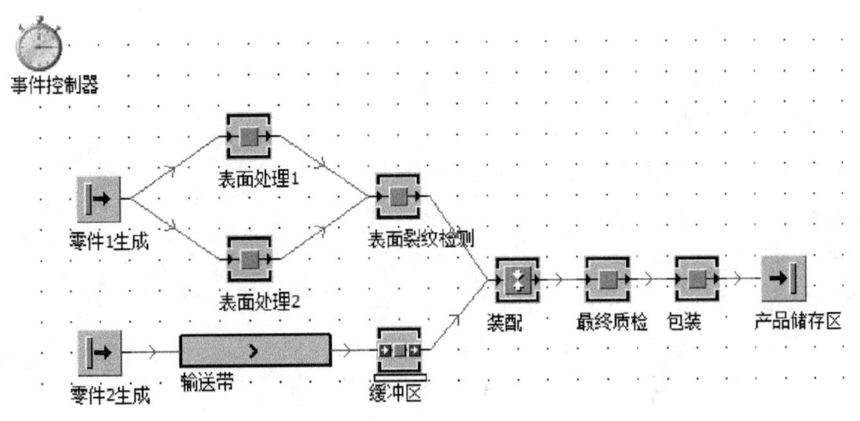

图 11-9　整个产线模型

此处以表面处理工站为例来说明层次化结构的设置。新建一个框架，命名为表面处理，添加两个单处理、两个界面，将它们连接起来，并设置处理时间，如图 11-11 所示。返回总模型框架，将原有的［表面处理 1］、［表面处理 2］工位删除，从［类库］→［模型］中将表面处理框架拖入总模型框架中，并将前驱和后续工位连接起来，如图 11-12 所示。运行仿真，可以看到模型能够正常运行，但表面处理工位看不到运行状态，可通过单击［编辑］→［动画］进行设置，请同学自行探索练习。

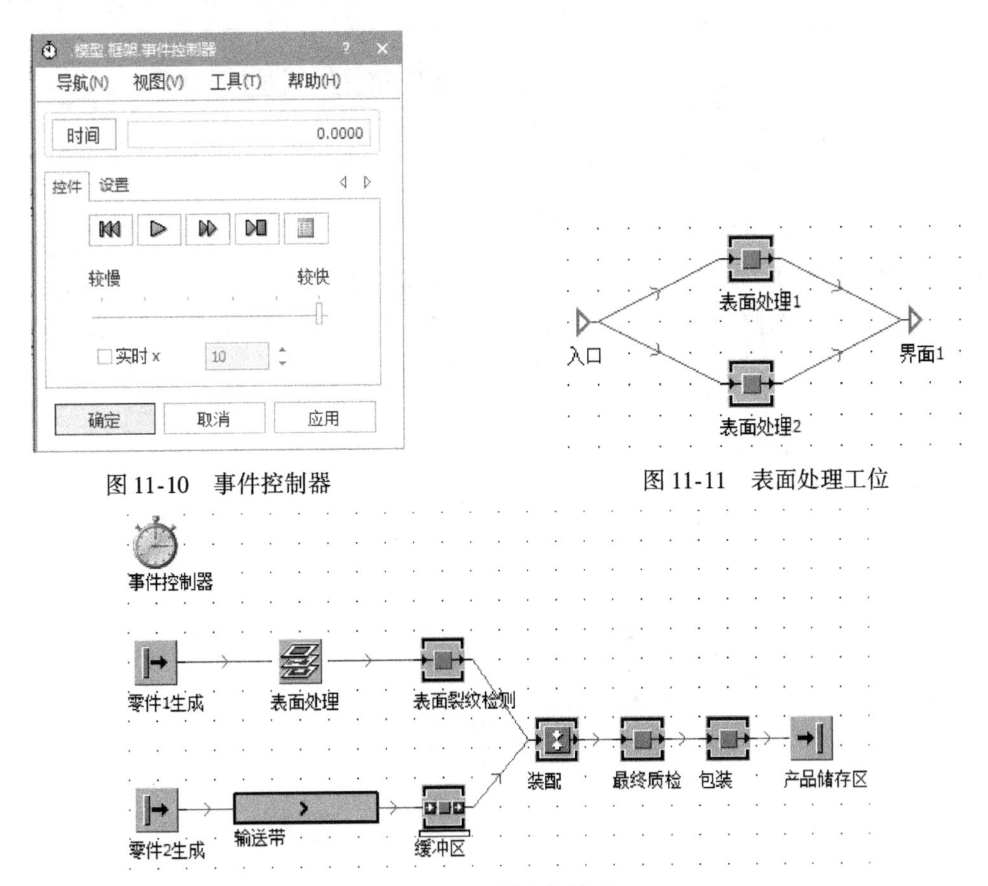

图 11-10　事件控制器

图 11-11　表面处理工位

图 11-12　层次化模型

2. 产线仿真分析

产线模型建立完成后，可以利用图表分析设备的利用率，利用瓶颈分析器分析产线瓶颈等。

（1）瓶颈分析　在模型中添加［瓶颈分析器］，通过事件控制器运行模型，双击［瓶颈分析器］弹出［瓶颈分析器］对话框，如图11-13所示，单击［分析］按钮，可得到瓶颈分析结果，如图11-14所示，柱状图中绿色柱代表工作时间占比，灰色柱代表等待时间占比，黄色柱代表堵塞时间占比，等待和堵塞占比越大，可优化程度越高，此处就是瓶颈工序，源堵塞除外。

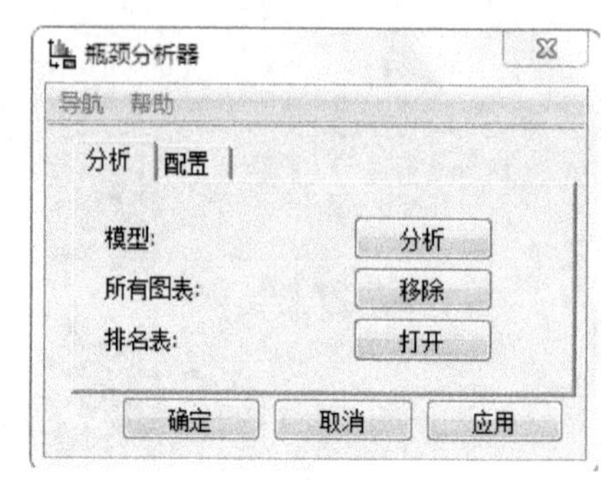

图11-13　瓶颈分析器

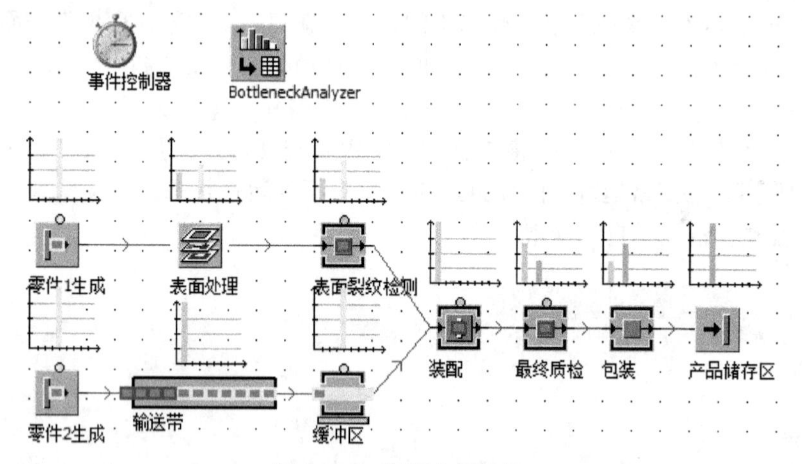

图11-14　瓶颈分析结果

（2）流量密度分析　在模型中添加［Sankey Diagram］，双击［Sankey Diagram］按钮弹出［Sankey in ‘框架’］对话框，如图11-15所示，选中［活动的］复选按钮，单击

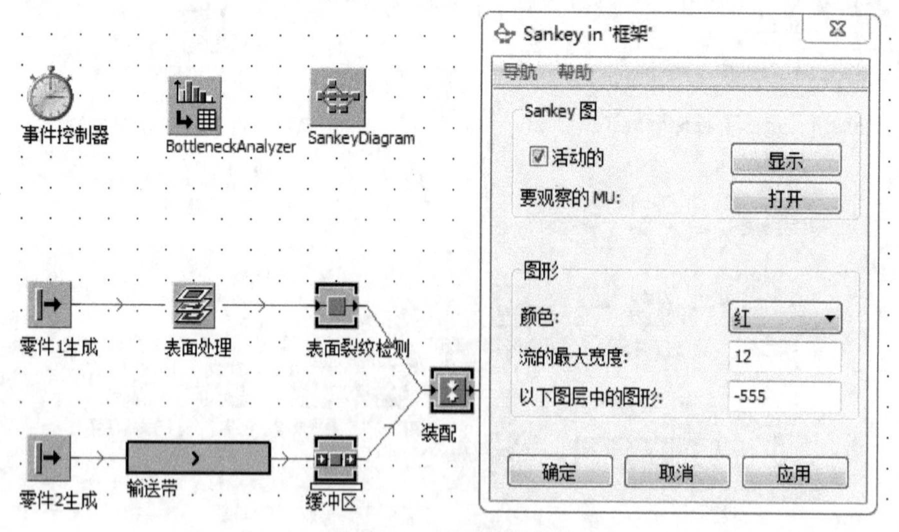

图11-15　流量密度分析

[要观察的 MU] 的 [打开] 按钮，从 [类库] → [模型] → [MU] 中将 [lingjian1]、[lingjian2] 拖到要观察的 [MU] 列表中，如图 11-16 所示。运行仿真，单击流量密度分析属性中的 [显示]，可观察到 MU 的流动状态，如图 11-17 所示。

	string 1
1	.模型.MU.lingjian2
2	.模型.MU.lingjian1
3	
4	
5	
6	

图 11-16　流量密度分析观察的 MU

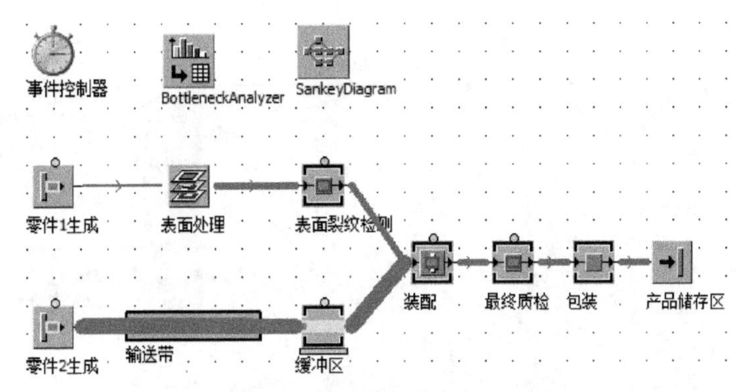

图 11-17　流量密度分析结果

(3) 设备利用率分析　在 [模型] 中添加 [图表]，右击该图标，单击 [统计信息向导]，弹出 [统计信息向导] 对话框，如图 11-18 所示，选中要分析的对象类别，本例选中 [单处理] 和 [装配] 复选框，[统计信息类别] 下拉列表框中选择 [占用]，单击 [确定] 关闭 [统计信息向导] 对话框。右击 [图表] → [显示]，运行仿真，可以实时查看设备占用情况，如图 11-19 所示，图中横坐标指设备上 MU 的数量，纵坐标代表占用时间比例，能够清楚地观察到设备占用情况。

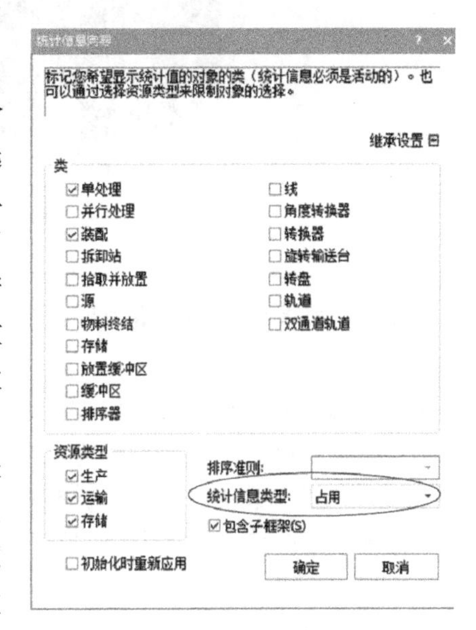

图 11-18　图表统计信息向导

(4) 设备资源统计分析　在模型中添加 [图表]，详细操作可参考设备利用率分析，在统计信息向导中，统计信息类别选择资源，可查看各工位资源统计信息，如图 11-20 所示，从图中可以看出各工位设备的资源信息。

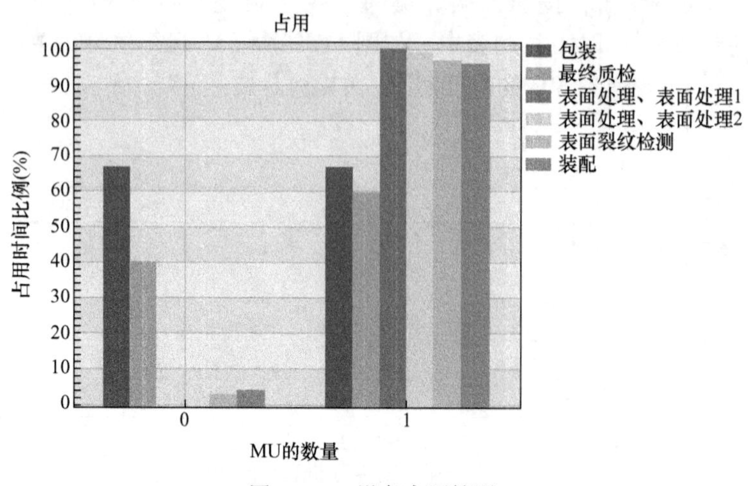

图 11-19 设备占用情况

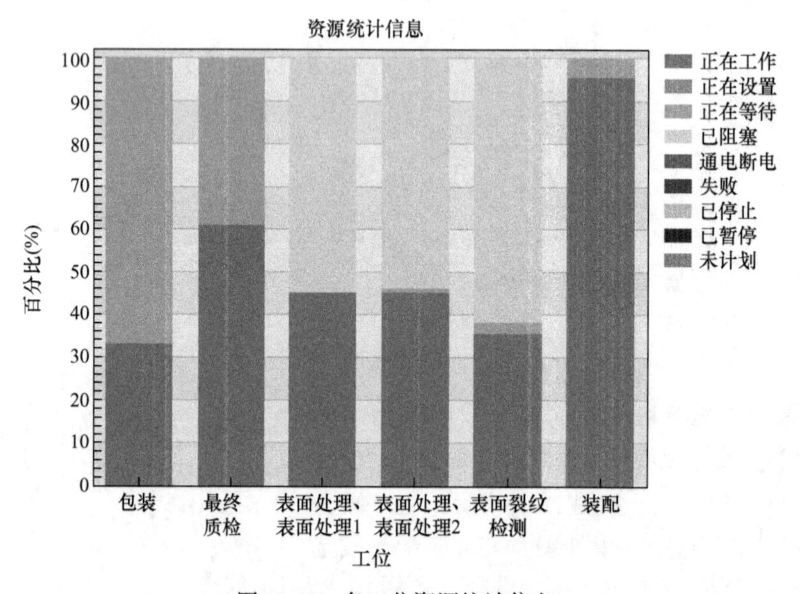

图 11-20 各工位资源统计信息

四、项目作业内容

1）熟悉 Plant Simulation 软件产线建模仿真的基本操作。

2）根据产品加工工艺参数完成产线建模。

3）对产线的性能进行分析，找出产线的瓶颈工位，分析产线可能存在的问题。

4）根据分析结果进行产线优化，修改产线模型，给出优化后产线的分析结果。

“基于 Plant Simulation 软件的产线建模仿真分析”项目作业

日期：______年____月____日　　　　　　　　　　　　　　指导教师：________

班级：________姓名：________学号：__________成绩：________

一、项目目标

二、项目作业内容

三、简述产线建模过程，展示所建立的产线模型，重点突出自己对问题的理解、分析等

四、提交资料

利用建立的产线模型，分析设备的利用率、产线资源信息、产线瓶颈等，并对仿真结果进行评价（要求提交 .spp 仿真模型文件）

五、根据仿真结果对产线模型进行优化，展示优化后的产线模型以及优化后的仿真结果（要求提交 .spp 仿真模型文件）

六、项目心得体会

参考文献

[1] 徐学武，姜歌东．数控技术实验原理及实践指南［M］. 北京：机械工业出版社，2014.

[2] 张小红，秦威．智能制造导论［M］. 上海：上海交通大学出版社，2019.

[3] 陈吉红，杨克冲．数控机床实验指南［M］. 武汉：华中科技大学出版社，2003.

[4] 朱文海，施国强，林廷宇．从计算机集成制造到智能制造：循序渐进与突变［M］. 北京：电子工业出版社，2020.

[5] 谭浩强．C 程序设计［M］. 5 版．北京：清华大学出版社，2017.

[6] 付文利，刘刚．MATLAB 编程指南［M］. 北京：清华大学出版社，2017.

[7] 梅雪松，许睦旬，徐学武．机床数控技术［M］. 北京：高等教育出版社，2013.

[8] 孔宪光．机械制造工艺［M］. 北京：高等教育出版社，2015.

[9] 周俊荣，齐晶薇．数控技术及自动化编程项目化教程［M］. 武汉：华中科技大学出版社，2019.

[10] 陈蔚芳，王宏涛．机床数控技术及应用［M］. 4 版．北京：科学出版社，2019.

[11] 王晓忠，梁彩霞．数控机床典型系统调试技术［M］. 北京：机械工业出版社，2012.

[12] 周云曦，苌晓兵．五轴数控加工编程、工艺及实训案例［M］. 武汉：华中科技大学出版社，2017.

[13] 兰虎．工业机器人技术及应用［M］. 北京：机械工业出版社，2014.

[14] 许志才，胡昌军．工业机器人编程与操作［M］. 西安：西北工业大学出版社，2016.

[15] 施於人，邓易元，蒋维．eM－Plant 仿真技术教程［M］. 北京：科学出版社，2009.

[16] 梅雪松．数控技术及应用［M］. 北京：机械工业出版社，2014.

[17] 周金平．生产系统仿真：Plant Simulation 应用教程［M］. 北京：电子工业出版社，2011.